古陶瓷修复研究

杨植震 俞蕙 陈刚 等著

目录

复旦大学古陶瓷修复技术发展三十年（代序）/ 1

第一章　修复材料篇

聚乙烯醇缩丁醛
　　——古陶瓷修复的快速粘结剂 / 2
防止环氧树脂粘结剂泛黄的新措施
　　——FD-2紫外吸收剂的应用研究 / 6
湿度变化对环氧粘结剂固化影响的研究 / 12
环氧树脂腻子在古陶瓷修复中的应用 / 19
固化温度及填料对文物环氧胶粘剂性能的影响 / 29
古陶瓷修复用丙烯酸仿釉涂料的研究 / 33
关于提高丙烯酸光油仿釉层硬度的研究 / 46
丙烯画颜料在古陶器修复中的应用 / 51
仿金颜料在古陶瓷修复中的应用 / 57
古陶器修复的上色材料与工艺 / 61
铁红哈巴粉的化学分析和在古陶瓷修复中的应用 / 67
水性丙烯类绘画材料在古代瓷器修复中的应用 / 75

第二章　修复工艺篇

清初青花将军罐的修复纪实 / 88
清代中期釉陶"太平有象"尊的修复 / 93
汉代釉陶罐修复中的上色和开片制作 / 98
浙江竹柄陶豆的修复及沙堆放样法的应用 / 105

第三章　专题评论篇

现代分析方法在古陶瓷修复中的应用 / 116
论古陶瓷修复中上色颜料的选用 / 128
国外古陶瓷修复常用粘结剂概述 / 138
国外古陶瓷修复仿釉产品综述 / 147
试论在古陶瓷修复中有机溶剂的选择 / 157
《古陶瓷修复基础》作者评述 / 176

第四章　古陶瓷修复技术在修复其他文物中的应用

高山族腰刀的材质分析与修复 / 180
玉器修复工艺初探 / 189
古陶瓷修复技术在修复青铜文物中的应用 / 197

附录一：国内外相关文献汇总 / 202
附录二：图版 / 205
后　记 / 217

复旦大学
古陶瓷修复技术发展三十年（代序）

杨植震　俞蕙

俗话说"温故而知新"，笔者认为回顾古陶瓷修复技术发展的历史，对于今后该技术的发展有益。因此，笔者力图归纳总结复旦大学近三十年来古陶瓷修复技术发展的历史，以便今后坚持对的，克服不足，并为同行提供参考。

古陶瓷修复涉及的科技内容相当广泛，如修复材料方面有粘结剂、仿釉材料（含紫外吸收剂）、颜料、清洗剂、溶剂、打样材料、填料、打磨材料等，工艺方面有打样方法、作旧方法（如制作晕散效果、开片制作等）、提高仿釉层硬度等。同时，由于在修复材料和工艺的研究过程中，需要较多使用现代分析方法，因此现代分析方法在古陶瓷修复中的应用也是研究内容之一。为方便叙述，下文将分别回顾复旦大学有关上述修复材料和工艺的发展沿革。

一、粘结剂

1. 环氧树脂粘结剂的固化剂

1985年由于复旦大学文博专业需要开设"文物保护技术"课程（当时课程名称是"化学与文物保护"），我们开始接触古陶瓷修复的粘结剂——环氧树脂粘结剂。在上海博物馆古陶瓷修复专家胡渐宜、蒋道银的传授下，我们初步掌握了环氧树脂粘结剂的技术，摒弃锔钉和虫胶等过时的工艺。

1986年在教授文物保护课程中，我们希望通过实验让学生对拼接陶瓷碎片有所认识。我们使用的环氧树脂的固化剂是乙二胺，根据是有文物保护文献推荐乙二胺[1]。由于当时知识的局限性，我们并不知道此固化剂的缺点是固化后的环氧树脂的材料很脆，因此在复旦大学古陶瓷修复工艺中，一段时间里主要采用的固化剂是乙二胺。直到1987年王丹华教授到复旦大学讲学时，提醒我们国际上已经开始使用韧性较好的多乙烯多胺代替乙二胺，此后复旦大学的古陶瓷修复才停止使用乙二胺，改用三乙烯四胺。1988年我们测量了固化后的环氧树脂粘结剂(618环氧树脂和三乙烯四胺作固化剂)样块的断裂拉伸率为2%左右，验证了多乙烯多胺有较好的韧性。

2008年我们在论述[2]AAA超能胶时，一方面使用红外吸收光谱法，剖析红色管中的粘结剂是双酚A树脂，同样剖析蓝色管内的固化剂为胺类固化剂。故在AAA超能胶固化剂变黄后，我们有把握地推荐用三乙烯四胺代替失效的蓝管中的固化剂，这时我们已经使用三乙烯四胺有近十年的经验了。

2. 环氧树脂粘结剂的稀释剂和清洗剂

一般按照配方调制成的环氧树脂粘结剂的粘度偏大，在加固工艺中为降低粘结剂的粘度，需要使用稀释剂。修复文献建议使用丙

---

[1] 黑龙江省呼兰农业机械修理研究所：《环氧树脂粘结工艺》，农业出版社，1997年；刘最长、郭荣章、马仲全、王录林：《石门汉魏摩崖石刻的保护》，《文博》，1985年第1期，第79—82页。

[2] 杨植震、余英丰、俞蕙、杨鹃、詹国柱：《湿度变化对环氧树脂粘结剂固化影响的研究》，广西壮族自治区博物馆编：《广西博物馆文集(第五辑)》，广西人民出版社，2008年，第197—199页。

酮来做稀释剂[1]。考虑到乙醇和环氧树脂粘结剂同样具有明显的极性,且丙酮比乙醇具有更大的毒性,经过笔者实验室多年试用后,我们提出使用乙醇代替丙酮的建议。现在,这项改进防护的措施,已经为一些兄弟单位采用。同样,未固化的环氧树脂粘结剂(含固化剂),也可以使用乙醇清清除,即乙醇可做该粘结剂的清洗剂。这些措施为减少有害的丙酮等有机溶剂的使用量以及改善修复实验室的环境作出贡献。

3. 拆分环氧树脂粘结剂拼接的碎片的方法

在拆分环氧树脂粘结剂拼接的碎片时,我们推荐两种方法[2]:(1)在150～200℃之间(多数情况下,约160℃)加热,碎片可以施力拉开;(2)甲酸作为溶胀剂浸泡需拆分的碎片,可用力拉开。因此,在没有二氯甲烷和Nitromore等进口溶胀剂的情况下,我们有可代替的方法,来拆分使用环氧树脂粘结剂拼接过的器物。

4. 测量环氧树脂粘结剂的线性热膨胀系数

1985年我们使用热差分析(TMA)测定了环氧树脂粘结剂(618环氧树脂:固化剂651聚酰胺=1:1)的线性热膨胀系数为6.4×10^{-5}/℃,此数据为陶胎的线性热膨胀系数的10倍以上。据此我们提出了新的工艺,即在填补大块陶瓷器缺失时,需使用有大量滑石粉(或石粉等填料)的环氧树脂腻子,而不是使用纯环氧树脂粘结剂[3],以免胀破器物。

5. 快干胶

使用快干胶能够加快修复速度、改善拼接工艺的质量,故我们对

---

[1] Lesley Acton & Paul McAuley, *Repairing Pottery & Porcelain: A Practical Guide*, Second Edition, The Lyons Press, 2003, p.74.

[2] 俞蕙、杨植震:《古陶瓷修复基础》,复旦大学出版社,2012年,第95页。

[3] 同上。

此给予持久的关注。1999年发表论文[1]，报道在古陶瓷修复中可采用快干胶——聚乙烯醇缩丁醛(PVB)，为拼接提供了新的手段。近年来，我们进行了环氧树脂快干胶的研究，确定了树脂和固化剂的组分、固化时间和固化温度的关系等，为快速拼接瓷片提供了新的手段。

6. 将丙烯画颜料用于古陶器的上色工艺

丙烯画颜料实为聚丙烯酸酯乳液绘画颜料。2006年以前，笔者实验室对于陶器上色浆液，一般都选用白胶水和颜料调制而成，其中不便之处颇多，如时常因缺少某几种颜色的颜料以及某些颜料的颗粒度不适合等难以施工。笔者实验室实施古陶器上色时在国内率先使用丙烯画颜料。通过红外吸收光谱测试[2]，我们确定了颜料的粘结剂属聚丙烯酯类，明确该颜料的优点在于无光泽、无毒性、耐光性好和施工快。

应该强调，在短时间内我们能够在古陶瓷修复用环氧树脂粘结剂的研究方面面取得进展，得益于笔者实验室和复旦大学高分子科学系师生的协作，在研究工作中大量使用了该系的牛顿拉力机、红外光谱仪、真空烘箱等仪器和设备，借助于材料系成功的科研经验，如制样和解谱等。实践证明，有时文物保护实验室不一定需要引进许多大型仪器，和兄弟院系合作，也能取到事半功倍的效果。

二、仿釉材料

仿釉是修复陶瓷器的重要工序之一，我们在这方面的研究包括：

1. 根据汉代绿釉陶器釉色较深，透明度差的特点，报道了用环氧

---

[1] 杨植震：《聚乙烯醇缩丁醛——古陶瓷修复的快速粘结剂》，郭景坤主编：《'99古陶瓷科学技术国际讨论会论文集》，上海科学技术文献出版社，1999年，第586—589页。

[2] 俞蕙、杨植震、邓廷毅：《古陶器的上色材料与工艺》，《上海工艺美术》，2007年第1期（总第91期），第33页；杨植震、俞蕙、李一凡：《丙烯画颜料在古陶器修复中的应用》，2011年河南安阳举办"全国文物修复技术研讨会"交流材料。

树脂腻子进行釉陶仿釉,且在仿釉层上面制作开片[1]。

2. 丙烯酸酯光油是目前国内外主要施釉材料,由于它硬度太小,以往施釉后需等待数周才能干固,影响修复质量和修复进度。我们报告了适当加热和改变施釉配方[2]等方法,以提高该仿釉层的硬度,为改进仿釉工艺作出贡献。

3. 为改进仿釉层对于紫外线的过滤,延缓修复部位所用的环氧树脂变黄,我们开展了在仿釉层中加入紫外吸收剂的研究,具体包括:

(1) 利用紫外光谱仪测量市售的紫外吸收剂的吸收光谱,从中选出适合的紫外吸收剂,即透明的有机紫外吸收剂[3]和不透明的无机紫外吸收剂[4]。

(2) 使用自制的UVA紫外老化装置,测量试样在老化前后的色度,验证了紫外吸收剂防止环氧树脂样块变黄的效果。

三、上色颜料

1. 古瓷器中有许多采用描金工艺的器物,因此金色(或仿金色)颜料总是修复中不可或缺的材料。遗憾的是,以前的国内外修复文献中,并未找到市售仿金粉成分的报告。我们用XRF方法,测量了上

---

[1] 罗婧、杨植震:《汉代釉陶罐修复中的上色和开片制作》,广西博物馆编:《广西博物馆文集(第二辑)》,广西人民出版社,2005年,第198—200页。

[2] 杨植震、俞蕙、高正、吕迎吉:《关于提高丙烯酸仿釉层硬度的研究》,国家文物局博物馆与社会文物司、中国文物学会文物修复专业委员会编:《文物修复研究5》,民族出版社,2009年,第115—118页。

[3] 俞蕙、杨植震:《用于古陶瓷修复的丙烯酸涂料的研究》,郭景坤主编:《'05古陶瓷科学技术国际讨论会论文集》,上海科学技术文献出版社,2005年,第543—551页。

[4] 孔达:《利用金红石型钛白粉延缓环氧树脂粘结剂泛黄——无机材料在文物修复中的应用》,复旦大学教务处编印:《复旦大学莙政学者论文集》,2010年,第56—68页。或参考本书第一章中的《防止环氧树脂粘结剂泛黄的新措施——无机紫外吸收剂的应用研究》。

海市售的国产和日本进口的某仿金粉的化学成分,确定其显色组分为金属铜[1],为合理使用和保护仿金粉提供了依据。

2. 哈巴粉是主要用于建筑材料的红色颜料,和某些紫砂及红陶的颜色相近,多年来我国修复界在陶器修复中常使用哈巴粉。经反复测试,可确定它的化学组分(含结构分析)为混合物,其中含氧化铁和碳酸钙以及石英,当中显色成分应该是氧化铁。经过UVA紫外灯老化,色度变化测量数据表明,它的耐光性能和纯氧化铁(永久耐光颜料)相同,可以在古陶瓷修复中继续使用[2]。

3. 文献多次报告要注意群青(含硫)和含铁颜料的混用,可能形成硫化铁的黑影,但是未见如何防止出现黑影的报道。笔者采用PIXE分析方法,对于三种市售的群青,分别测出其含硫量,从中遴选出含硫较少者,推荐使用[3]。

四、其他

1. 沙堆放样

在中国古陶瓷修复工中,流传着一种沙堆放样的工艺,由于取材方便,可以配补较大面积缺失。经过复旦大学师生对于此方法的总结和提高,笔者报道了此方法的原理和实施步骤[4]。

---

[1] 杨植震:《仿金颜料在古陶瓷修复中的应用》,广西博物馆编:《广西博物馆文集(第二辑)》,广西人民出版社,2006年,第306—307页。

[2] 杨植震、俞蕙、姜楠、陈刚:《铁红哈巴粉的化学分析和在古陶瓷修复中的应用》,中国文物保护技术协会、故宫博物院文保科技部编:《中国文物保护技术协会第五次学术年会论文集》,科学出版社,2008年,第320—325页。

[3] 杨植震、俞蕙:《现代分析方法在古陶瓷修复中的应用》,罗宏杰、郑欣淼等主编:《'09古陶瓷科学技术国际讨论会论文集7》,上海科学技术文献出版社,2009年,第790—796页。

[4] 俞蕙、杨植震:《浙江竹柄陶豆的修复及沙堆放样法的应用》,《'02古陶瓷科学技术国际讨论会论文集5》,上海科学技术文献出版社,2002年,第558—564页。

2. 蜡片打样

使用红外吸收光谱法,我们剖析了一种优质进口的红色打样膏,它的主要成分是蜂蜡[1]。

回眸复旦大学过去三十年的古陶瓷修复研究工作,我们的心中并非一直充满成功的喜悦,我们也经历过不少困难、失败与焦虑。新的粘结剂和仿釉材料以及其他修复材料不断出现,筛选修复材料需用的各种现代方法,它们在日新月异地发展,其中的新内容层出不穷,合理采样和解谱都是需要面对的问题,而这些方法多数是我们欠缺之处,为此我们经历了较持续艰苦的学习。工艺试验中不乏曲折的经历,丙烯酸酯仿釉喷涂时色层翻底、修复器物按一般工艺无法拆分、拼接时怕对不准茬口而不思茶饭,正是这些失败与焦虑,使我们的经验更加全面。

如今,修复用溶剂毒性偏大、修复部分泛黄变色等问题仅稍有缓解,但并未解决。仿釉层偏软的缺陷依旧存在,环氧树脂粘结剂修复过的器物拆分有困难的情况仍然存在,颜料的精选以及相互影响的研究刚刚开始,器物探伤及已修复部分的检测亟须开展研究。展望未来,我们至今所做的一切,只不过是修复研究的一小部分,我们在很多方面还要向兄弟单位学习,更多的古陶瓷修复研究课题在呼唤我们以及后来人继续前进。

---

[1] 杨植震、俞蕙:《现代分析方法在古陶瓷修复中的应用》,罗宏杰、郑欣淼等主编:《'09古陶瓷科学技术国际讨论会论文集7》,上海科学技术文献出版社,2009年,第790—796页。

第一章

修复材料篇

聚乙烯醇缩丁醛
——古陶瓷修复的快速粘结剂

杨植震

由于古陶瓷的易碎性,在出土和传世的器物中往往存在大量的破碎样品,为了满足撰写考古报告、研究器物以及艺术品市场的需要,古陶瓷修复都是必不可少的。古陶瓷修复的历史可以追溯到许多年以前,修复古陶瓷器具有以下特点:一是工作量大、修复的样品多;二是历来有长盛不衰之势。但是由于种种原因,古陶瓷修复的研究成果发表较少。

自20世纪60年代以来,环氧树脂粘结剂逐步取代古老的锔钉技术,成为应用最广的古陶瓷修复粘结剂[1],这和该粘结剂的优良性能(强度大、耐老化等)有关,但是在使用环氧树脂粘结剂的过程中也暴露出其两个主要缺点:

(1)固化时间长,致使修复工作常常变得旷日持久。

(2)拼接时不易对位,即使使用热熔胶、沙堆固定等辅助手段,具体操作仍有相当困难,一旦发生碎片粘结错位,由于环氧树脂不溶

---

[1] 蒋道银、施加农:《唐代彩绘陶士俑的修复》,《收藏家》,1987年第24期;毛晓沪:《古陶瓷修复》,文物出版社,1993年;J. Larney, "Ceramic Restoration in the Victoria Albert Museum", *Studies in Conservation*, 1971,(16), pp.69–82。

于一般的溶剂,使得纠正粘结相当困难。

针对以上问题,我们成功地试用了新型古陶瓷修复粘结剂——聚乙烯醇缩丁醛(PVB)的乙醇溶液进行了古陶瓷修复试验,其特点是快速和准确,现在就该粘结剂的有关试验情况报道于下。

一、试验

1. 试剂

(1) 聚乙烯醇缩丁醛——上海桃浦化工厂生产的中粘度 PVB 粉末(少量结块),$T_g=49℃$,从它的红外吸收光谱图(见图1)可见,羟基明显存在,其结构式如下:

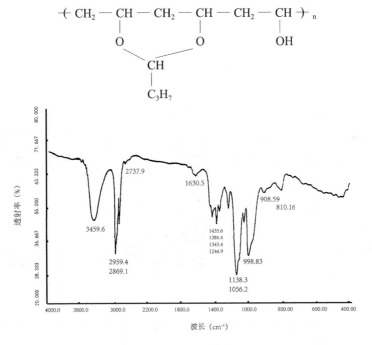

图1　聚乙烯醇缩丁醛的红外吸收光谱

（2）C.P.级的乙醇。

2.溶液配制

（1）乙醇液为30wt%。

（2）配制工艺：取适当的容量烧杯，把称量好的PVB粉末投入其中，再注入乙醇，在加热和搅拌的条件下让PVB徐徐溶于乙醇，配制成PVB在乙醇中的溶液（粘结剂）。

3.粘结

用不锈钢铲刀把PVB粘结剂涂在碎片的粘结面上，只需薄薄一层就够了，拼接碎片时，可用手指抚摸粘结线，不硌手即为对准，用电吹风加热，双手挤压碎片，约15分钟粘结可以完成，如对粘结质量不满意，想重新粘结，可用蘸酒精的棉花反复清洗粘结处，即可使其脱胶，再用乙醇洗涤粘结面，在碎片上不留PVB的痕迹，在对位准确的前提下，如果要加大粘结强度，可以在粘结缝中再加入环氧树脂粘结剂，实验证明PVB和环氧树脂粘结剂这样混合使用的效果较好。

4.应用实例

复旦大学文物与博物馆学系在多年的修复实践中，使用PVB已成功地修复了十几件博物馆藏品，例如，浙江奉化出土的一件晋代青瓷洗（直径35厘米，高13厘米），出土时器物碎为36块（见图2），另外缺少局部口缘等处的碎片。在我们之前，已经有人用不恰当的粘结剂修复过，但很快脱胶。图2为脱胶后拍的照片。经使用PVB局部和完全修复后器物的照片见图3、

图2　青瓷晋代洗在修复之前

图4。晋瓷的烧结温度在1 200℃以上,釉呈青灰色,色泽好、透明度高、硬度大,是重要的青瓷代表之一。另外该器物纹饰精美,尺寸大,其修复价值较大。

图3 青瓷晋代洗在修复之中　　　　图4 青瓷晋代洗修复完毕

二、结论

在修复古陶瓷的过程中,对比环氧树脂粘结剂,PVB的明显优点是快速和准确,在必要的情况下,PVB能和环氧树脂粘结剂混用,保证必需的粘结强度,该粘结剂特别适用于器物的碎片数量较大的情况,又由于PVB在保护壁画的工艺中已经应用数十年,人们对此粘结剂的寿命已经有所了解。总之,推广PVB在古陶瓷的修复中应该具有较好的前景。

笔者注

1. 本文发表于郭景坤主编:《'99古陶瓷科学技术国际讨论会论文集4》,上海科学技术文献出版社,1999年,第586—589页。
2. 在复旦大学以后的修复实践中,聚乙烯醇缩丁醛成功用于加固脆弱的陶器,这是PVB在拼接以外的另一应用。

防止环氧树脂粘结剂泛黄的新措施
——FD-2紫外吸收剂的应用研究

杨植震　孔　达　俞蕙

一、前言

环氧树脂粘结剂具有机械强度高、物化性能稳定等优点，目前广泛应用于古陶瓷修复的粘结、配补、打底等工序。但在光老化影响下，固化后的环氧树脂颜色容易发生泛黄，导致修复部位再次变得明显突出，这成为修复技术中的一个突出问题，在修复界引起广泛的重视[1]。

根据文献可知，二氧化钛具有优良的紫外吸收能力。它也是古陶瓷修复上色工艺中经常使用的白色颜料。但是作为紫外吸收剂，关于其在古陶瓷修复中的应用目前尚缺乏深入全面的研究。因此，本文选用主要成分为二氧化钛的FD-2紫外吸收剂，通过实验分析以及修复实践，来研究其是否能够有效的避免古陶瓷修复中环氧树

---

[1] 贾文忠、贾树：《贾文忠谈古玩修复》，白花文艺出版社，2007年，第3页；俞蕙、杨植震：《古陶瓷修复用丙烯酸仿釉涂料的研究》，郭景坤主编：《'05古陶瓷科学技术国际讨论会论文集6》，上海科学技术文献出版社，2005年，第534—551页；杨璐、王丽琴等：《文物保护用环氧树脂的光稳定性研究》，《文物保护与考古科学》，2007年第4期，第28—32页。

脂的泛黄。

二、实验结果与讨论

1. FD-2紫外吸收剂的组分结构

二氧化钛一般分锐钛矿型（Anatase）和金红石型（Rutile）。经过X射线荧光（XRF）与X射线衍射XRD（见表1、图1）的分析，可确认FD-2紫外吸收剂的主要成分为金红石型二氧化钛。

表1　FD-2紫外吸收剂的XRF数据

Al	Si	Cl	Ti	Ba	Compton	Rayleigh
3.6 KCps	4.5 KCps	0.1 KCps	929.5 KCps	4.2 KCps		
0.142%	0.126%	0.003 24%	6.51%	0.002 80%	0.16	0.14

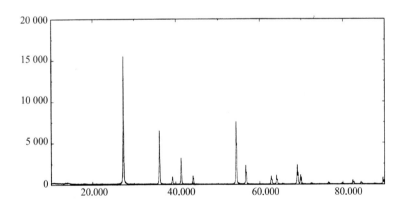

图1　FD-2紫外吸收剂的XRD图谱
（纵坐标为强度，每秒的计数，横坐标为衍射角）

2. FD-2紫外吸收剂的紫外吸收性能

FD-2紫外吸收剂为白色粉末，将其添加入透明丙烯酸酯涂料中，喷涂在石英片，干燥后测量该涂层的紫外可见吸收光谱（Gold

Spectrumlab 54紫外可见分光光度计）。丙烯酸酯树脂具有优良的耐紫外性能，是目前古陶瓷修复中常用的上色、仿釉材料。而添加FD-2紫外吸收剂后，涂料的紫外吸收范围从200 nm ～ 300 nm扩展到200 nm ～ 400 nm，从而明确FD-2具有较好的紫外吸收性能（见图2、图3）。

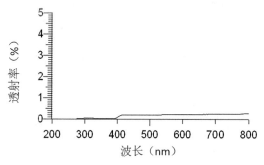

图2　丙烯酸酯树脂+FD-2的紫外吸收光谱

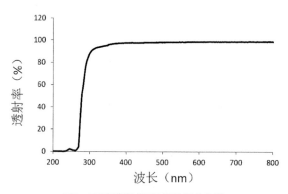

图3　丙烯酸酯树脂的紫外吸收光谱

3. 材料老化实验

用AAA超能胶制作4块环氧树脂样块，1号、3号样块表面喷涂含FD-2紫外吸收剂的丙烯酸树脂涂层，2号、4号样块为空白样块，并测量样块表面Lab数据(WSC-S测色色差计 上海精密科学仪器有限公司)。随后在20瓦UVA紫外灯下进行25天的紫外老化实验。老化实验后,用丙酮洗去涂层后测量样块Lab数据。老化前后的样块Lab数据见表2,样块老化前后见图版2.1、图版2.2。

表2 环氧树脂样块紫外老化前后的Lab数据

样块	老化前	老化后	说明
1	L=61.51 a=−0.41 b=−0.56	L=60.73 a=−0.65 b=0.40	涂层
2	L=59.18 a=−0.19 b=−0.56	L=54.65 a=−0.31 b=5.64	空白
3	L=60.00 a=−0.36 b=−0.61	L=59.84 a=−0.94 b=0.51	涂层
4	L=57.74 a=−0.15 b=−0.30	L=52.87 a=−0.12 b=6.44	空白

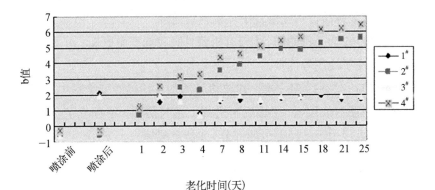

图4 环氧树脂紫外老化过程中b值的变化趋势图

Lab数值中，L代表亮度，a代表红/绿色，b代表蓝/黄色。由于环氧树脂老化后泛黄，Lab数值中以b值的变化为主。根据样品老化过程中b值变化曲线（见图4）可知：1号、3号样块颜色变化不大，2号、4号样块颜色变化明显。从而证明FD-2紫外吸收剂能够明显减缓AAA胶的泛黄速度。

4. 修复实例应用

FD-2紫外吸收剂应用到一件明代青花碗的修复中，该器物修复前碎裂成4块（见图版2.3），使用AAA超能胶粘结、打底。在器物的局部表面使用FD-2紫外吸收剂（见图版2.4），随后完成相应的上色与仿釉。

随后青花瓷碗置于20瓦UVA紫外灯下进行紫外老化，经数日后发现：使用FD-2的部位器表颜色变化不大，而未使用FD-2的部位已明显变黄（见图版2.5）。因此可以确定，FD-2紫外吸收剂对于延缓器物上环氧树脂泛黄有显著效果。

三、结论

1. FD-2紫外吸收剂的主要成分为金红石型二氧化钛，经过实验证明可有效延缓古陶瓷修复中环氧树脂泛黄。

2. FD-2为无机物质，相较有机紫外吸收剂寿命更长。并具备价格低廉、便于使用等优点。

3. FD-2为白色不透明，建议将其添加在丙烯酸酯涂料中，喷涂在环氧树脂打底层上，干燥后再进行上色与仿釉。必须在上色前使用，不能直接用于已经上色的部分（如仿金层等）。

笔者注

1. 本文原名为《利用金红石型钛白粉延缓环氧树脂粘结剂泛黄——无机材料在文物修复中的应用》，收录在复旦大学教务处编印：《复旦大学莙政学者论文集》，2010年，第56—68页。本次发表时，对原文内容结构进行了简化与修改。
2. 本文中英文摘要发表于刘岩主编：《'15古陶瓷科学技术国际讨论会论文集9》，中国科学院上海硅酸盐研究所印，2015年，第248—251页。

湿度变化对环氧粘结剂固化影响的研究

杨植震　余英丰　俞蕙　杨鹍　詹国柱

20世纪60年代以来，环氧树脂一直用于多种文物（如古陶瓷器、玻璃、石窟、壁画、古玉器、家具和古建筑等）修复工艺中，作为一种不能替代的粘结剂（或称粘合剂或黏结剂）广泛使用。而在古陶瓷修复工作中，多年来国内普遍使用AAA超能胶[1]（见图1）。此胶含A组分（树脂，红色包装）和B组（固化剂，蓝色包装），但是文献中并未见到关于此胶化学成分的报道。当前文物修复中突出的问题是修复师因为不知道AAA超能胶的化学组分，在固化剂发黄后（室温下，1～2年开始发黄，以后时间越长，黄色越深）无法用于青花瓷器、白瓷等素色瓷器修复，又不敢贸然使用其他固化剂。此时往往因为B组分变色，连同A组分一起废去，形成浪费。同时，由于成分不清，也会影响正确选用（如陶器修复时，推荐不要使用环氧粘结剂）粘结剂以及拆开粘结剂的试剂和手段。

---

[1] 程庸、蒋道银：《古瓷艺术鉴赏与修复》，上海科技教育出版社，2001年，第169页；罗婧、杨植震：《汉代釉陶罐修复中的上色和开片制作》，广西博物馆编：《广西博物馆文集（第二辑）》，广西人民出版社，2005年，第98～200页。

第一章　修复材料篇

文献报道,相对湿度较大导致环氧粘结剂的粘结强度下降或是影响机械性能不大[1],但并没有报道强度变化数据。在修复文物等实际操作中,需要用测试数据回答两个问题:(1)在湿度低时施工好,还是湿度较高实施工好?(2)在某种湿度条件下(如湿度偏高),虽然粘结剂强度有所

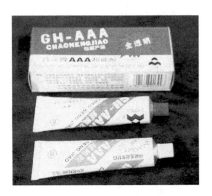

图1　合众牌AAA超能胶

下降,但是在无特殊要求情况下,粘结强度能否满足修复要求?知道环氧树脂粘结剂的固化条件对于粘结剂拉伸强度的影响程度,在设计合理的修复工艺时是必不可少的。总之,由于文献中未见针对文物修复要求的湿度变化影响环氧粘结剂强度的报告,本文致力于填补这个空缺。

一、实验部分

1. AAA超能胶的组分分析

(1) 环氧树脂红外光谱分析

制样及仪器型号:环氧树脂溶于二氯甲烷,固化剂溶于丙酮。分别滴在片状的氯化钠盐上进行测量。使用的红外光谱仪型号为Magna-550。

---

[1] E. M. Knox & M. J. Cowling, "A Rapid Durability Test Method for Adhesvies", *International Journal of Adhesion and Adhesives*, Volume 20, Issue 3, 2000, pp.201-208;郭宝春、傅伟文、贾德民等:《氰酸酯/环氧树脂共混物热分解动力学》,《复合材料学报》,2002年第3期,第6—9页; M. E. Frigione, M. Lettieri & A. M. Mecchi, "Environmental Effects on Epoxy Adhesives Employed for Restoration of Historical Buildings", *Journal of Materials in Civil Engineering*, October 2006, Vol.18, No.5, pp.715-722。

在环氧树脂的红外光谱图中(见图2)，其中1 250 cm^{-1}和900 cm^{-1}左右处分别是环氧基的对称和非对称伸缩振动的特征吸收峰，1 500 cm^{-1}为苯环的不饱和键的伸缩振动特征吸收峰，说明此环氧树脂为双酚A型环氧树脂。

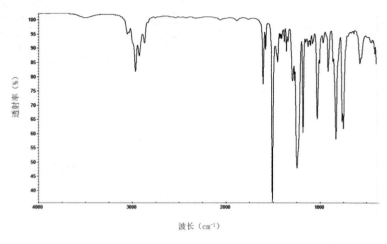

图2　环氧树脂红外光谱分析图

(2) 固化剂的红外光谱分析

在固化剂的红外光谱图(见图3)中，2 900 cm^{-1}为脂肪族碳氢键的伸缩振动吸收峰，1 720 cm^{-1}为羰基伸缩振动吸收峰，而1 200 cm^{-1}处为C—N键的伸缩振动吸收峰，说明此固化剂为脂肪胺/聚酰胺类型固化剂。

在室温下，当存放一年左右之后，AAA超能胶的固化剂发黄，在修复某些样品时不能使用，这时最好使用代用品——环氧树脂的一般固化剂。在复旦大学文博系的文物保护和文物修复室中，多次修复实践证明，可以用适合的胺类固化剂(如12.5%三乙烯四胺)代替AAA超能胶固化剂，两者粘结和修复效果都能令人满意。这

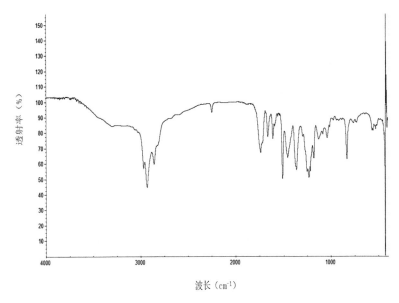

图3　固化剂红外光谱分析图

一实验结果和上述的此红外光谱剖析AAA超能胶及其固化剂的结果一致。

2. 湿度对环氧树脂粘合剂粘结性能的影响

（1）恒定湿度的设备

对同一组平行样品（5个），在相同的固化温度（25℃）下，置于不同的湿度条件下固化，其中0湿度恒温的条件通过真空烘箱获得，65%湿度恒温的条件通过置于干燥器中的饱和K_2CO_3溶液和普通烘箱的恒温组合获得[1]，90%湿度恒温的条件通过恒温湿度机获得。值得强调的是：在使用饱和溶液恒湿器时，环境的温度应严格保持变化在一度摄氏度以内，否则难以达到湿度恒定。但是当温度恒定达

---

[1]　郭宏:《文物保护环境概论》,科学出版社,2001年,第80页。

到要求时,相对湿度的波动仅1%左右[1]。

（2）实验结果

将样品置于以上温湿度条件下固化24 h后取出,使用Instron 1121静力材料实验机测试,结果见表1和图4。

表1　不同湿度下环氧树脂胶粘剂拉伸剪切强度

湿度	试样剪切破坏的最大负荷/N	试样搭接面宽度/mm	试样搭接面长度/mm	胶粘剂拉伸剪切强度/MPa	平均胶粘剂拉伸剪切强度/MPa
0%	2 760	20.00	11.40	12.11	12.7 ± 0.6
	3 000	20.00	11.20	13.39	
	3 050	20.00	12.48	12.22	
	3 000	20.00	12.20	12.30	
	3 450	20.00	13.00	13.27	
65%	2 450	20.00	10.00	12.25	12.1 ± 0.6
	3 100	20.00	13.56	11.43	
	2 900	20.00	11.58	12.52	
	3 100	20.00	13.06	11.86	
	2 900	20.00	11.58	12.52	
90%	2 450	20.00	10.44	11.73	11.5 ± 0.6
	2 450	20.00	10.26	11.94	
	2 400	20.00	11.56	10.38	
	2 900	20.00	12.22	11.87	

---

[1] 王成康:《不同湿度下环氧粘合剂的固化及其在文物保护中的应用》,复旦大学材料科学系本科毕业论文,1990年。

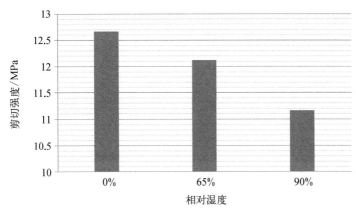

图4　湿度对环氧树脂粘合剂粘结性能的影响

经过比较表1中的各组数据，可以发现以下结果：在真空条件下固化的样品的拉伸剪切强度大于相对湿度为65%时固化的样品，而相对湿度为65%时固化的样品又大于相对湿度为90%时固化的样品。这证明了环氧树脂的机械性能对固化时的环境湿度具有一定敏感性，水分能够渗入聚合物本体，并和聚合物本体发生两种类型的作用：水分子可以破坏聚合物分子之间的氢键和其他次价键，使聚合物发生增塑作用，并引起力学强度及其他物理性能下降。

因此，环氧树脂作为文物修复用粘结剂时，应尽量选择在湿度较低的环境中进行固化，以确保其粘结强度足够大而满足文物修复的需求。

二、结论

1. 经过红外吸收光谱测定，AAA超能胶的A组分为双酚A环氧树脂，组分B为胺类固化剂，因此在B组分变黄失效后，可用三乙烯四胺等胺类固化剂代替。

2. 就环境的相对湿度而言，环氧树脂粘合剂应该在尽可能低的湿度条件下固化,对保证粘结强度有益。但是,在相对湿度90%以内,环氧粘结剂的剪切强度下降约10%。

笔者注

1. 本文发表于广西壮族自治区博物馆编:《广西博物馆文集(第五辑)》,广西人民出版社,2008年,第197—199页。作者余英丰为复旦大学高分子科学系副教授,杨鹂为复旦大学高分子科学系本科生、詹国柱为复旦大学高分子科学系博士生。
2. 此次发表时,对个别明显差错作了修订,并补充红外光谱测量的制样方法。

环氧树脂腻子在古陶瓷修复中的应用

杨植震　俞蕙　余英丰　杨鹍　王成康

一、前言

环氧树脂腻子指在环氧树脂粘结剂中加入适量的填料，制成具有延展性膏状物质。本文尝试全面总结环氧树脂腻子（简称"环氧腻子"）在古陶瓷修复中的应用。与环氧腻子相关基础研究部分以AAA超能胶、618环氧树脂为例，本文还报告了环氧腻子中滑石粉填料的含量对于粘结强度的影响情况。

文献对环氧腻子的应用有多次报道，是修复专家普遍使用的一种技术，但应用主要限于填补和塑补[1]。在笔者的修复实践中发现，环氧腻子在修复中的应用已经扩大到拼接、上色、作旧等，对此需要评述和总结。此外，与环氧腻子制作密切相关的问题：（1）如何掌握填料的合理用量？（2）不同填料对环氧树脂粘结剂固化后强度的有

---

[1] L. Acton & P. McAuley, Repairing Pottery & Porcelain, *A Practical Guide*, Second edition, The Lyons Press, 2003, p.58; L. Acton & N. Smith, *Practical Ceramic Conservation*, The Crowood Press, 2003, p.74; N.Williams, *Porcelain, Repair and Restoration*, The British Museum Press, 2nd ed., 2002, pp.67–68.

何影响？目前修复文献中未见研讨。为回答以上问题，本文按照材料科学的要求，制作较大量的环氧树脂样块，测试其抗张强度和剪切强度，求得可信的实验结论。

二、环氧腻子的性能和制备

目前国内古陶瓷修复中，使用较多的环氧树脂粘结剂是AAA超能胶[1]。它在室温下粘度较小，需要24小时才能固化。在配补较大尺寸洞眼时，粘结剂会下坠，导致配补失败。为防止下坠，可以在粘结剂中加入一定量的填料，使粘结剂的粘度逐渐提高，达到不能流动的环氧腻子状态，即柔软和可塑的状态。

1. 环氧腻子的性能

（1）适用于配补中型的漏洞（如直径为5毫米～20毫米的洞）。使用环氧腻子一般可一次操作完成配补。如果洞眼稍大，可以应用环氧树脂粘结剂的易叠加的特点，分几次可以把洞眼补平。当然，也可以使用石膏等其他材料补上较大的洞眼。注意，环氧腻子配补制成的表面光滑，故不适合配补多孔性的胎体。

（2）环氧树脂粘结剂的线性热膨胀系数比典型的陶瓷胎体大很多，加入填料后，环氧腻子和陶瓷器胎体的热膨系数接近，有利于确保温度变化下器物的稳定性。

（3）滑石粉等一些填料的成本低，使用环氧腻子时可以降低修复成本。

（4）拼接过程中，由于环氧腻子粘度大，对于碎片和器物有拉力，故有利于拼接的准确对位。

（5）选用不同的填料可调节环氧腻子的颜色、硬度和透明度，使

---

[1] 杨植震、余英丰、俞蕙、杨鹍、詹国柱：《湿度变化对环氧粘结剂固化影响的研究》，广西壮族自治区博物馆编：《广西博物馆文集（第五辑）》，广西人民出版社，2008年，第197—199页。

配补部分和器物胎体更加匹配。例如,加入40%～100%的石英粉可以提高配补部分的硬度[1],并且可能得到透明度很高的配补效果,有时可用于薄胎瓷器的修补。又如,使用100%的医用滑石粉做填料,制成的环氧腻子具有灰白色、半透明性且硬度较小,便于配补后打磨修正,并易于在配补部分制作开片和纹饰。

文献中有报道称,加入具有紫外吸收能力的填料,有利于防止环氧树脂变黄。笔者认为,紫外吸收剂加到环氧树脂表面应该对于紫外线有更好的屏蔽作用,它使用的效果比加到环氧腻子里更好。但是由于填料的加入,环氧树脂的拉伸强度明显降低,如果配补部分在器物中承载力较大,如鼎足,就需要控制环氧腻子中填料的用量。

2. 环氧腻子的调制

调制环氧腻子的工具有白瓷板、调刀等。调制步骤如下:

(1)分别取等体积的AAA超能胶的红管(粘结剂)和蓝管(固化剂)并充分混合。当室温低于15℃时,可使用吹风机适当加热,避免粘结剂产生凝胶,导致环氧树脂和固化剂不能充分混合。

(2)在调好的环氧树脂内,加入的300目医用滑石粉(在某些特殊要求时,可使用其他填料),用调刀使它们其逐步混合。这时操作中要注意:

a. 粘结剂容纳填料的量是有限度的。要逐步在粘结剂中加入填料,加入填料之初,粘结剂湿润或"溶解"全部填料,随着填料的增加,环氧腻子的粘度逐步增大,当环氧腻子无法凝结为一个整块,产生"肥皂片"似的碎片时,环氧腻子可认为制作完成。填料浓度为100%～200%。

---

[1] N.Williams, *Porcelain, Repair and Restoration*, The British Museum Press, 2nd ed., 2002, pp.67-68.

b. 务必充分混合填料和粘结剂。没有与粘结剂充分混合的滑石粉（或其他填料），因没有粘结剂的拉力，在今后的工序中会留下空洞，影响修复质量。

c. 环氧腻子对于器物有一定要求。对于多孔性的器物，如某些强度较差的多孔陶器，不推荐使用环氧腻子。因为环氧腻子可逆性差，修补后不易掌握打磨，容易导致器物损伤。

三、环氧腻子在古陶瓷修复中的应用

实践证明，环氧腻子的应用不只是用于配补洞，其作用和应用是多方面的。其中包括：填补、塑补、拼接、打底、加固、上色、仿釉、作旧等。以下分别报告环氧腻子的各种应用。

1. 填补

使用环氧环氧腻子进行填补，需要注意此操作的如下几个特点。

（1）填补技术使用的频率较高，因为器物打碎时，往往产生许多细小碎片。这些碎片中的一部分经常在修复时，已经无法找到，只有进行填补。图1为拼接前的器物碎片，图2为拼接后再使用环氧腻子配补，对于缺失部分已经配补好的照片。图中环氧腻子的颜色是白色的，和紫红色的器物明显不一样。

 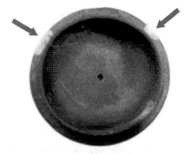

图1　现代紫砂壶盖（修复前）　　图2　现代紫砂壶盖（环氧腻子配补后）

（2）对于大面积的缺失或者待补的洞较大，使用环氧腻子时难以防止下坠和变形，此时推荐石膏配补，而不是环氧腻子。

具体配补操作：

（1）用适合的调刀（如牛角调刀），把环氧腻子转移到待配补处。

（2）用涂过滑石粉的调刀把环氧腻子压入器物空隙中，尽量避免留下空隙。

（3）在修复实践中，建议填补留一点空间给上色，而避免过度配补。因为固化后的环氧腻子不易打磨，这样会降低工作效率。

（4）可用调刀蘸乙醇或丙酮，稀释环氧腻子表面，令配补表面光滑平整。

2. 塑补

利用环氧腻子的可塑性，把环氧腻子捏成棉纱状或其他形状，可塑补器物的纹饰等部件（见图3、图4）。

图3　清·太平有象尊（塑补前）　　图4　清·太平有象尊（塑补后）

3. 拼接

当某些小件（见图5中的石膏系）需要拼接到器物上时，可利用环氧腻子的流动性差，不需使用其他固定手段等优点，使用环氧腻子（颜色为灰白色）粘结石膏系。笔者实验室已多次使用环氧腻子，完成拼接工序，均获得较好的修复效果。

4. 加固

加固（stabilization）工序的原意为使器物稳定，即提高器物的稳定度。对于碎片众多，缺失面积较大的器物，在修复的某个阶段，如拼接几块碎片后，使用环氧腻子作小面积的配补，可加强整个器物的牢度。实践证明，经过环氧腻子加固，器物强度可经受住打样配补的操作。

图 5 宋·黑陶罐的系在修补中

5. 打底

"打底"指在上色、仿釉的操作前，使用"打底腻子"（其中至少含有粘结剂和填料，常常还含有稀释剂）填平古陶瓷器修复留下的细微裂缝的工序。由于拼缝附近常有高低不平的情况，修复工作必须要进行打底工序，一般还需要反复进行多次打底，才能达到必要平整度。打底往往需要花费不少工时，且打底的施工质量要求很高，否则无法有效进行之后的上色操作。

使用丙烯酸清漆等作为打底腻子的粘结剂，第二次打底时往往容易翻底，即稀释剂破坏下层的平整性。经验证明，环氧腻子是很好的打底腻子。只需在环氧腻子中加入一定量的乙醇，就可以得到粘度不同的打底材料。一般，打底之初，使用的乙醇量较少，制得粘度较大的腻子。在反复涂腻子和打磨（粘结剂固化后进行）后，表面已经比较平整。这时涂抹粘度小的腻子，固化后再打磨。最后达到接缝处完全不硌手，即打底完成。操作正确时，完全没有翻底。

在打底腻子中加入相应的颜料时，打底和上色可以一起完成。但是工艺主要缺点是环氧树脂老化后泛黄，故不适合用于青花等浅色器物上。但是，在打底的腻子上面，全部覆盖丙烯酸酯漆层，环氧树脂层泛黄可大为缓解。图版4.1、图版4.2展示的清代青花瓷器,使用环氧腻子完成口沿部分的打底工艺,随后再进行上色、仿釉,最后达到较好的美术修复效果。

6. 上色和仿釉

关于使用环氧腻子打底并同时完成上色和仿釉,笔者已经有所提及[1]。环氧树脂粘结剂固化后具有一定的眩光,和某些陶釉器表面十分接近。当修复深色釉陶器时,可在打底用的环氧腻子配方中加入颜料。这样在打底工艺完成时,同时完成上色和仿釉。此工艺可以称为"快速上色法"。笔者曾采用此方法修复一件宋代黑釉罐(见图5)时,取得较好的效果(见图版4.3)。

7. 作旧

在配补的环氧腻子上可以用手术刀等工具进行刻划,制作出开片等。图版4.4、图版4.5展示汉代绿釉陶罐在上色后以及在制作开片后的照片。

四、环氧腻子中填料用量对于粘结强度的影响

1. 剪切强度的测量

为了研究在环氧腻子中填料用量对于材料粘结强度的影响,可以使用Instron1121静力材料试验机,来测定相应的剪切强度。需要说明的是,按照修复古陶瓷的要求,曾经考虑使用瓷砖来做剪切强度试验。但是经过测试,瓷砖的抗张拉强度平均为0.8 MPa,比较环氧粘结剂的抗张强度5～15 PMPA,强度小了几倍到一个数量级以上,每次总是瓷砖拉断,而粘结面完好无损,故无法使用瓷砖作剪切强度试验。最后采用GB7124-1986(铝片对铝片)法,测试剪切强度。

在环氧树脂中分别加入25 phr、50 phr、75 phr、100 phr的滑石

---

[1] 见本书《汉代釉陶罐修复中的上色和开片制作》。

粉填料（制备100 phr时，粘结剂吸收填料基本饱和），在相同的温度（25℃）和相同的湿度（真空）条件下固化24小时后，所得样品进行拉伸测试，结果见表1和图6。

表1 滑石粉填料的含量对环氧树脂粘合剂剪切强度的影响

滑石粉含量	试样剪切破坏的最大负荷/N	试样搭接面宽度/mm	试样搭接面长度/mm	胶粘剂拉伸剪切强度/MPa	平均胶粘剂拉伸剪切强度/MPa
0 phr	2 760	20.00	11.40	12.11	12.57
	3 000	20.00	11.20	13.39	
	3 050	20.00	12.48	12.22	
25 phr	3 250	20.00	11.48	14.16	13.70
	2 900	20.00	10.86	13.35	
	3 150	20.00	11.6	13.58	
50 phr	3 900	20.00	11.98	16.28	15.27
	3 250	20.00	11.6	14.01	
	3 300	20.00	10.64	15.51	
75 phr	3 300	20.00	10.56	15.63	16.40
	3 800	20.00	11.32	16.78	
	3 800	20.00	11.32	16.78	
100 phr	1 650	20.00	11.86	6.96	9.06
	3 000	20.00	13.06	11.49	
	2 250	20.00	12.9	8.72	

2. 抗张强度测量

选用古陶瓷修复中经常使用的环氧树脂（618环氧树脂粘结剂：三乙烯四胺=100：12.5）加入滑石粉填料，制成抗张强度测试用的标准样块。使用Instron1121静力材料试验机，改变加入粘结剂

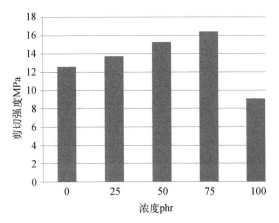

图6　滑石粉填料的含量对环氧树脂粘合剂剪切强度的影响

的填料量。测试上述样块的抗张强度。得到表2和图7的数据。

表2　滑石粉填料的含量对618环氧树脂抗张强度的影响

浓度phr	0	20	40	60	80
拉伸强度MPa	4.99	3.19	2.64	2.68	2.37

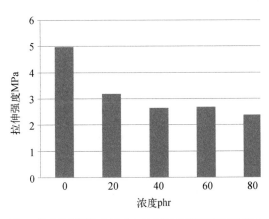

图7　滑石粉填料的含量对618环氧树脂抗张强度的影响

五、结论

1. 实验证明，环氧腻子不只可以广泛应用于填补和塑补，而且成功应用于拼接、加固、打底、上色、仿釉和作旧。其中拼接、加固、打底、上色、仿釉属于新的应用。笔者认为，特别是在修复瓷器时，使用环氧腻子打底已经成为我试验室的主要打底手段，它具有快捷、稳定和修复质量好的特点。

2. 使用典型的环氧树脂粘结剂，向其中加入一定量填料滑石粉时，无论是剪切强度或抗张强度下降不多（如在50%以内），这时环氧粘结剂和材料的拉力或是粘结剂自身的抗张强度仍旧明显比瓷砖为代表的陶器强度大。可以认为，环氧腻子中填料的加入，从抗拉强度角度考虑并不降低修复后器物的牢度或稳定性。

笔者注

本文全文为首次发表。其中英文摘要发表于王龙根、周建儿主编：《'12古陶瓷科学技术讨论会论义集8》，中国科学院上海硅酸盐研究所和景德镇陶瓷学院印，2012年，第294—296页。

固化温度及填料对文物环氧胶粘剂性能的影响

余英丰　杨植震　俞蕙　詹国柱　杨鹍

一、前言

20世纪60年代以来，环氧树脂在多种文物，如古陶瓷器、石窟、壁画、古玉器、家具和古建筑等的修复工艺中，作为胶粘剂被广泛使用。而在古陶瓷修复工作中，胶粘剂的选取主要依靠经验和业界偏好，例如双组分环氧树脂AAA超能胶[1]。AAA超能胶，其A组分为树脂，红色包装，B组分为固化剂，蓝色包装。

当前使用中突出的问题是修复师因为缺乏对AAA超能胶性能的了解，在瓷器修复时，固化温度和粉料添加量都比较随意，粘结质量难以保证。由于文物碎片间的粘合面积一般较小，所以对胶粘剂粘结强度要求较高，而确定最佳固化温度和无机填料添加量是保证粘结质量的重要因素。

---

[1] 程庸、蒋道银：《瓷艺术鉴赏与修复》，上海科技教育出版社，2001年，第169页；罗婧、杨植震：《汉代釉陶罐修复中的上色和开片制作》，广西博物馆编：《广西博物馆文集（第二辑）》，广西人民出版社，2005年，第198—200页。

二、实验和测试

1. 主要原料

合众牌AAA超能胶,A组分为无色透明液体,相对密度1.16;B组分为无色(或微黄色)透明液体,相对密度为1.00±0.02,浙江黄岩光华胶粘剂厂;滑石粉,300目,市售。

2. 测试方法

红外表征采用Nicolet Nexus 470 FTIR光谱仪,样品用丙酮稀释后,在盐片上涂膜,然后在600 cm^{-1}~4 000 cm^{-1}间扫描取谱。实验胶粘剂体系的力学性能采用Instron1121静力材料试验机测试,根据记录所得的应力-应变曲线来求得样品的断裂伸长率和拉伸强度,据此来表征材料的力学性能。参照GB/T 7124-2008胶粘剂拉伸剪切强度测定方法。

3. 结果与讨论

（1）胶粘剂成分分析

在AAA超能胶的使用中,突出问题之一是固化剂黄变(室温下,1~2年开始发黄,以后时间越长,黄色越深),无法用于青花瓷器、白瓷等素底色瓷器修复。为了确定AAA超能胶的成分,对A、B组分分别进行了红外分析。红外图谱表明,A组分主要为双酚A环氧树脂,乙组分主要是脂肪胺/酰胺类固化剂。

固化剂的发黄主要是由于胺或不饱和脂肪链的氧化造成的,所以若解决AAA超能胶黄变问题,应从寻找耐黄变固化剂入手[1]。

（2）固化温度的影响

文物的特殊性决定了粘结通常只能在自然气候温度附近进行。

---

[1] 孙曼灵等：《环氧树脂应用原理及技术》,机械工业出版社,2002年。

因此，对未添加填料的环氧胶粘剂体系，在相同的湿度（真空）下，分别置于25℃、30℃、40℃和50℃的恒温真空烘箱中固化，24小时后取出样品，进行剪切强度测试，每组3个样品，取平均值，结果见表1。

表1　不同温度下环氧树脂胶粘剂拉伸剪切强度

固化温度/℃	20	30	40	50
拉伸剪切强度/MPa	12.6	13.3	12.5	12.4

以往研究发现，温度过高对环氧树脂性能有一定负面影响，由于文物修复多半是手工操作，粘结环境不太可能在较高的环境温度下进行。但是低温时胶粘剂粘度很大，不利于界面润湿；若温度过高，由于固化太快可能会导致内应力太大，从而致使粘结性能下降。

由表1可知，在研究温度范围内，固化温度对粘结强度影响不是太大，所以30℃左右为适宜的固化温度。

（3）填料对粘结性能的影响

在100份环氧树脂中分别加入25、50、75和100份的滑石粉，与固化剂混合后，在30℃、真空环境下固化24小时进行强度测试，结果如表2所示。

表2　不同滑石粉填料含量下环氧树脂胶粘剂拉伸剪切强度

滑石粉用量/份	25	50	75	100
拉伸剪切强度/MPa	13.7	15.3	16.4	9.1

填料在环氧树脂胶粘剂中的主要作用是：减小热胀系数，提高耐热性，降低成本等[1]。适量的填料还可起补强作用。由表2可以看

---

[1] 殷立新、徐修成：《胶粘基础余胶粘剂》，航空工业出版社，1988年。

出,一方面,随着滑石粉的加入量增大,剪切强度也逐渐增大,但超过75份后,剪切强度明显下降。原因可能是填料用量太大会导致体系粘度急剧上升,使界面润湿变差;但另一方面,填料的体积分数太大会导致环氧树脂难以形成连续相结构,从而使力学性能急剧下降,所以填料以75份左右为宜。

三、结语

通过红外吸收光谱测定,AAA超能胶的主要成分为双酚A环氧树脂和脂肪胺/酰胺类固化剂。胶粘剂的黄变主要来自胺类的氧化。在30℃左右固化,胶粘剂表现出较高的粘结强度和较好的操作性。在每百份树脂填料用量75份时,胶粘剂操作性和粘结强度较好。

笔者注

1. 本文发表于《粘结》2009年第30卷第2期,第79—80页。作者余英丰为复旦大学高分子科学系副教授,詹国柱为复旦大学高分子科学系博士生、杨鹍为复旦大学高分子科学系本科生。
2. 在一定固化温度范围内,关于升温可以提高环氧树脂胶粘剂的强度的报道较多,可参考本书《现代分析方法在古陶瓷修复中的应用》一文。本文表1中,则随温度升高,剪切强度经过一个极值(30℃),以后走向低值。这一组数据和文献中数据形成分歧的原因,可能是许多作者测量的是胶粘剂本身的抗张强度(tensile strength),而本文测量的是铝片与胶粘剂间的剪切强度(shearing strength),故严格而言,两者并无可比性。但是在修复实践的典型室温范围内(20～30℃),可认定适当地提高固化温度,有利于提高环氧树脂胶粘剂的强度。

古陶瓷修复用
丙烯酸仿釉涂料的研究

俞 蕙　杨植震

一、前言

古陶瓷修复中所用的仿釉涂料是一种为了遮盖修复痕迹、模拟瓷器釉层质感和色泽的特殊涂料。中国的古代瓷器不仅是珍贵的历史文物，大多还是欣赏价值很高的古代艺术品，一般的拼接、补缺工作虽然基本上可以恢复瓷器本来的造型，但是修复后的接缝或配补部分等痕迹却一目了然地裸露在外，使大多数堪称艺术珍品的古代瓷器黯然失色，不利于其在博物馆或美术馆的陈列展出。所以在修复这些主要用于视觉欣赏的文物时，一定程度上使用适宜的仿釉涂料以达到高水平的修复效果，在视觉上淡化修复痕迹是博物馆或收藏界所希望的。

早期修复古陶瓷器使用虫胶作为上色材料，调入颜料或特殊染料制成不透明或半透明的涂料，但是其颜色较深，不能制成浅色和白色"釉面"，釉质感欠佳，而且耐酸碱和耐老化等性能均较差，如今仅用于陶器、木器修复，在瓷器修复中已很少使用了。之后，又普遍使用醇酸清漆和硝基清漆作为仿釉材料，但他们最大的缺点是涂料本身颜色较黄,老化后黄色加深,也不能仿制白度较高的釉面,或在浅色釉面上进行罩光[1]。所以,寻求优质的仿釉涂料是修复发展的必然要求。

而丙烯酸树脂涂料在耐光性、表现的釉质感和操作工艺等方面都表现出优越的特性,从诸多新型涂料中脱颖而出成为目前仿釉材料的首选,其优越性能主要包括以下几点:

1. 丙烯酸树脂具有优越的耐光性、耐候性和耐热性。其户外曝晒耐久性强,耐紫外线照射不易分解和变黄,能长期保持原有的光泽和色泽。

2. 丙烯酸树脂固化后有较好的釉质感。成膜后的涂层透亮无色,类似玻璃质感,可充当罩光漆或者作为补绘各色瓷的颜料粘合剂,令修复的部分尽可能接近瓷器原来色泽。

3. 适合喷枪喷涂的上色工艺。使用喷涂工艺形成的涂膜着色均匀、细腻,不留接痕;喷涂色层薄,可反复喷涂多次;色层干燥迅速,施工速度快。

4. 作为较成熟的工业产品,已经有丙烯酸树脂为粘结剂和上光剂的气压喷瓶(如190型、191型)等出售,便于施工、推广。

另一方面,丙烯酸涂料亦可作为优良的紫外屏蔽涂料,减少外界光辐射对下层环氧树脂粘合剂的影响。一般而言,修复过的古陶瓷部分从里到外一般为依次叠加的三层:胎、环氧树脂粘合剂层、仿釉层(见图1),其中环氧树脂在光照下很容易发生变黄(实践中,一般几个月就变黄),致使修复痕迹再次显现,很可能会造成再次修复。由于导致环氧树脂变色的主要原因是紫外线辐射,因此研制优良的丙烯酸树脂涂料能有效延缓环氧树脂变色的发生,从而改善长期困

---

[1] 毛晓沪编著:《古陶瓷修复》,文物出版社,1999年,第138—142页。

扰修复界的"变黄"难题。曾经有人企图改变环氧树脂的型号求得缓解"变黄"的危害,但是基本上无功而返[1]。这些研究更加提示学术界需要寻找其他的途径。

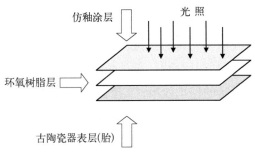

图1　古陶瓷修复部分结构的示意图

虽然丙烯酸涂料的优点显著,但实验证明,目前市场上普通的丙烯酸涂料的抗紫外能力还比较有限,尚无法完全满足现有古陶瓷修复的要求。因此,本文旨在通过添加紫外吸收剂的方法,提高现有丙烯酸涂料的紫外防护能力,使新型的仿釉涂料品种能有效地延缓古陶瓷修复部分的"变黄"的速度,持久保持修复部分的色泽。

二、实验与方法

研究表明在阳光照射下的环氧树脂往往比在黑暗中保存的环氧树脂更快地发生变黄[2]。因此,为了延缓环氧树脂变色,避免阳光尤

---

[1] J. L. Down, "The Yellowing of Epoxy Resin Adhesives", *Studies in Conservation*, Vol.31, No.4 (Nov., 1986), pp.159−170.

[2] Charles Selwitz, *Epoxy Resins in Stone Conservation*, Getty Conservation Institute, Los Angles, 1992, p.29.

其是紫外线辐射带来的光损伤,在环氧树脂表面涂上吸收紫外能力强的涂料是一个比较理想的选择。理论上,紫外屏蔽涂料的优劣取决于其吸收紫外、可见光的波长范围和吸收率。在一定波长范围内,吸收的光线波长范围越宽、吸收能力越大,其对文物的紫外防护性能就越好。

本实验主要有两个部分组成:一是利用紫外-可见光谱测试保护涂料,包括丙烯酸树脂涂料、紫外吸收剂的紫外吸收光谱,从而推断出其对环氧树脂的保护效果;二是在老化箱内利用高强度的紫外线光源加速环氧树脂的变黄过程,以测试和验证紫外吸收剂的抗紫外线效果。

1. 实验样品及其制备过程

(1) AAA超能胶。本实验所采用的环氧树脂粘合剂(AAA超能胶)是我国古陶瓷修复者普遍使用的商业产品,由红、蓝两管组成,依照厂家的要求以1:1的比例混合,注入事先设计好的硅橡胶模子中,24小时后固化为无色透明的环氧树脂,样品统一为直径4厘米、5克~6克的圆块。制备好的环氧树脂样块在黑暗中保存,以防受到光线照射。

环氧树脂有很强的粘结性,但不会与硅橡胶粘合,所以需使用硅橡胶做模子。本实验使用的是上海树脂厂生产的106室温硫化硅橡胶。制作模子的方法是在大小适中的纸盒内放入直径为4 cm的金属或其他材质的圆块,依厂商推荐的配比,调制好硅橡胶,倒入纸盒内(切勿移动圆块),令硅橡胶完全浸没圆块。待硅橡胶固化后,撕去纸盒,取出圆块,就可以获得模子。然后依次在硅橡胶模子中浇注环氧树脂样块。

(2) 丙烯酸树脂涂料(190光油)。实验采用的丙烯酸树脂涂料是三和牌190光油,为透明无色的热塑性丙烯酸树脂。用毛笔将其涂于环氧树脂样块的表面,质量控制在0.3克～0.4克范围内,待干燥成膜后置于黑暗中保存。

(3)紫外吸收剂。实验采用的1#紫外吸收剂为透明、微黄的粘稠液体,按照厂家推荐在丙烯酸涂料中加入5%的剂量,均匀涂于环氧树脂样块的表面,质量控制在0.3克～0.4克范围内。干燥后的涂层透明度降低,色泽偏白浊。

2. 主要实验设备和测量仪器

(1)白度测量。环氧树脂的白度变化使用DSBD-1白度仪进行测量,该仪器是以低功率的钙卤素灯作为光源,经聚光后形成平行光束照射到被测样品上,由于投射在样品表面的辐照通量是恒定的,但因样品表面的漫反射率不同,其漫反射的辐亮度也不同。该仪器即将测量样品表面漫反射的辐亮度与同一条件下完全漫反射的辐亮度相比,以测量样品的相对白度,100%为理想中的绝对白度。

(2)紫外-可见光谱测试。紫外-可见光光度计(spectrophotometer)可以测量丙烯酸树脂涂料、紫外吸收剂的吸收光线波长的范围。本实验使用UV-3000型Spectrophotometer(HITACHI,1990),测试的波长范围是190 nm～900 nm。

(3)老化实验的紫外光源。老化实验中所用的紫外光源有两种,分别是20 W的UV-C和15 W的UV-A的紫外荧光灯管。使用HR2000高分辨率光纤光谱系仪检测出两者发射的主要紫外光分别为$\lambda=254$ nm和$\lambda=365$ nm。前者的能量大于后者,在较短的时间内就能促使环氧树脂变黄,但在博物馆室内,造成环氧树脂变黄的主要是300 nm～400 nm这个波段范围内的紫外线,所以采用365 nm的紫外光源更接近博物馆的实际情况。

利用ZDS-10数字照度计和紫外辐照计(UV-254、UV-365的探头)测出这两个光源的平均照度和紫外线辐照度,并计算出光源的紫外线密度,如下表1所示。

表1 UV-C与UV-A紫外光源的平均照度、紫外线辐照度和紫外线密度

光 源	平均照度(lux)	紫外线辐照度($\mu w/cm^2$)	紫外线密度($\mu w/lum$)
UV-C紫外灯	266	100	3 759
UV-A紫外灯	370	107	2 892

*博物馆内所有的光源必须保证紫外线密度不超过75 $\mu w/lum$[1]。

三、实验结果及讨论

1. 使用紫外-可见光光度计(spectrophotometer)测量丙烯酸树脂涂料、紫外吸收剂的吸收光线波长的范围,结果见图2、图3、图4。

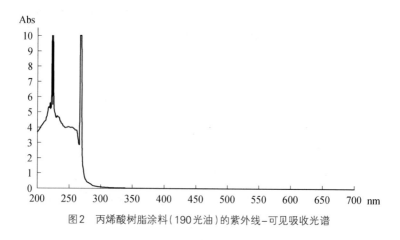

图2 丙烯酸树脂涂料(190光油)的紫外线-可见吸收光谱

---

[1] Garry Thomson, *The Museum Environment*, Butterworths, London, 1986, p.21.

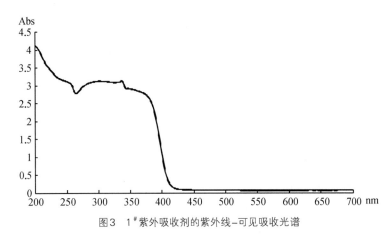

图3 1#紫外吸收剂的紫外线-可见吸收光谱

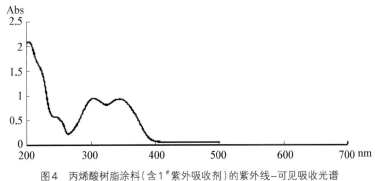

图4 丙烯酸树脂涂料(含1#紫外吸收剂)的紫外线-可见吸收光谱

紫外线是包括100 nm～400 nm范围的光，100 nm～200 nm称为真空紫外光线，在进入大气时被吸收，200 nm～300 nm为中紫外线，300 nm～400 nm为近紫外线。以上的紫外光谱的数据表明，丙烯酸树脂涂料能够基本吸收中紫外线，但另有研究表明：无论是透过玻璃照入室内的阳光，还是常见的荧光灯等人工光源，它们所产生的紫外线主要限于300 nm～400 nm之内[1]。因此从其吸收的紫外线

---

[1] Garry Thomson, *The Museum Environment*, Butterworths, London, 1986, p.5.

范围来看,丙烯酸树脂涂料远不能保护环氧树脂免于主要的紫外线的辐射。而添加了紫外吸收剂之后,丙烯酸涂料的吸收紫外线的范围扩大到400 nm,涵盖了全部波段的紫外线。可以推断,这样的涂料更有效吸收博物馆室内环境中出现的紫外线,延缓环氧树脂变色的效果会更为理想。

2. 老化实验及其结果

老化实验采用两组(Ⅰ组,Ⅱ组)环氧树脂样品为实验对象,每组各九个。每组中:

1～3号:无涂料的环氧树脂;

4～6号:涂有丙烯酸树脂涂料(190光油)的环氧树脂块;

7～9号:涂有丙烯酸树脂涂料(含5% 1$^{\#}$紫外吸收剂)环氧树脂块。

Ⅰ组4～9号样品与Ⅱ组4～9号样品的涂层质量用分析天平称量,结果如表2所示。

表2　Ⅰ组4～9号与Ⅱ组4～9号样品的涂层重量

样品序号	4	5	6	7	8	9
Ⅰ组涂层质量(g)	0.285 7	0.301 0	0.333 0	0.342 5	0.424 1	0.358 9
Ⅱ组涂层质量(g)	0.317 7	0.304 5	0.314 6	0.304 0	0.327 1	0.293 6

(1)将Ⅰ组的1～9号样品同时置于老化箱内,用(特征)波长为254 nm的紫外光源照射,定时取出样品测试其白度的变化,得到的数据如图5、图6、图7;

(2)将Ⅱ组1～9号样品同时置于老化箱内,用365 nm紫外光源照射,定时取出样品测试其白度的变化,得到的数据如图8、图9、图10。

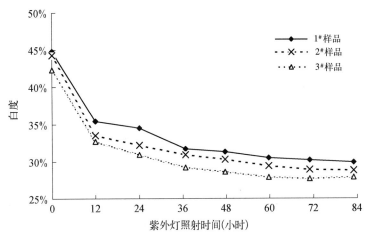

图5 无涂料保护的环氧树脂样品（Ⅰ组）的白度变化

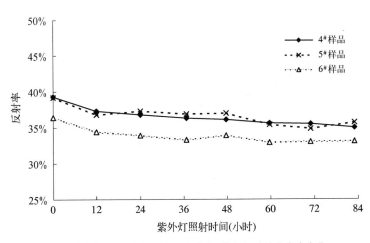

图6 涂有丙烯酸树脂涂料的环氧树脂样品（Ⅰ组）的白度变化

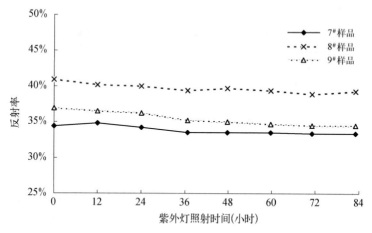

图7 涂有丙烯酸树脂涂料(含5%1#紫外吸收剂)的环氧树脂样品(Ⅰ组)的白度变化

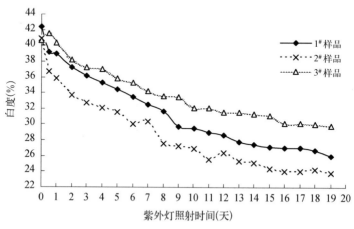

图8 无涂料保护的环氧树脂样品(Ⅱ组)的白度变化

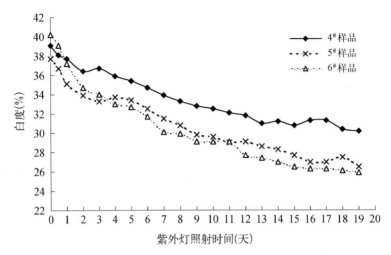

图9 涂有丙烯酸树脂涂料的环氧树脂样品（Ⅱ组）的白度变化

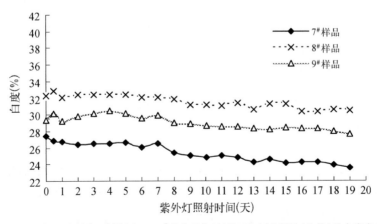

图10 涂有丙烯酸树脂涂料（含5%1#紫外吸收剂）的环氧树脂样品（Ⅱ组）的白度变化

首先，比较Ⅰ组与Ⅱ组实验中环氧树脂样品白度变化的速度，无论使用254 nm还是365 nm的紫外线光源照射，没有涂料保护的1～3号样品都比有涂料的4～9号样品更快地变黄。由此证实了丙烯酸涂料的确能有效地延缓环氧树脂变黄的发生、降低变黄的速度。

其次，实验数据也说明普通的丙烯酸树脂涂料所起的保护作用也是有限的。在Ⅰ组和Ⅱ组老化实验中，涂有普通丙烯酸涂料的4～6号样品最终都发生了明显的变色。这些实验结果与修复实践中观察到的现象也是一致的，例如，我实验室曾用普通丙烯酸涂料修复了一件黄釉瓷盘，在一般的室内光照条件下，其在修复后的两年内即产生了色泽变化，一定程度上暴露出修复的痕迹。

最后，分别比较Ⅰ组和Ⅱ组中7～9号样品与4～5号样品白度变化趋势，可以发现添加了紫外吸收剂的丙烯酸树脂涂料比不添加的涂料有更好的屏蔽保护作用。Ⅰ组实验中，7～9号样品的白度变化速度最慢，优于4～6号样品。而Ⅱ组实验中，在19天的老化照射后，7～9号的白度变化程度不大，仍能保持较为稳定的色度，而1～6号样品全部相继发生明显变色。在两组数据中，Ⅱ组实验采用的是波长为365 nm的紫外光源，与博物馆室内的紫外辐照情况接近，对于古陶瓷修复工艺的改善具有更直接的参考价值。

四、结论

本文主要围绕如何提高普通丙烯酸仿釉涂料的紫外吸收能力这一问题展开，通过添加紫外吸收剂的方法一定程度上增强了现有普通丙烯酸仿釉涂料的紫外防护能力：一方面，紫外-可见光谱的测试结果表明，在普通的丙烯酸仿釉涂料中添加了紫外吸收剂后，其吸收紫外的范围扩大到200 nm～400 nm，从而能够抵抗博物馆室内常见的300 nm～400 nm的紫外线。另一方面,利用254 nm、365 nm两种紫外光源的老化实验结合白度测量验证了这种改良后的丙烯酸树脂涂料具有屏蔽紫外线的优良性能,能够明显地延缓环氧树脂粘合剂变色的速度,从而有助于解决古陶瓷器修复部分易变色、返黄的难题。

笔者注

本文发表于郭景坤主编:《'05古陶瓷科学技术国际讨论会论文集6》,上海科学技术文献出版社,2005年,第544—551页。此次发表时,个别地方作了修改。

关于提高丙烯酸光油仿釉层硬度的研究

杨植震 俞蕙 高正 吕迎吉

一、引言

以往采用的仿釉材料虫胶和硝基清漆呈红色或黄色,难以用于浅色釉的瓷器。而由于丙烯酸光油具有较高的透明度、较好的耐光性和抗氧化性,自20世纪90年代开始,在古陶瓷修复中丙烯酸光油逐步成为主要的仿釉材料[1]。当然,如果器物的颜色允许,仍旧有修复工作者使用虫胶等传统的仿釉材料[2]。使用丙烯酸光油作为仿釉材料时,发现光油中的溶剂在室温下挥发很慢,往往要几个星期以上,使修复一个器物的周期变得很长[3];此光油的另一个重要缺点是仿釉层很软,导致修复后搬运、清除污物不便[4]。在笔者实验室经常

---

[1] 奚三彩、欧阳摩一:《陶瓷砖瓦》,江苏美术出版社,2001年,第51页;程庸、蒋道银:《古瓷艺术鉴赏与修复》,上海科技教育出版社,2001年,第171页。

[2] 高飞:《宋汝窑深腹碗的修复》,中国文物保护技术协会编:《中国文物保护技术协会第四次学术年会论文集》,科技出版社,2007年,第132页。

[3] Buys & V. Oaklay, *Conservation and Restoration of Ceramics*, Butterworth Heinemann, 1999, pp.191–192.

[4] N. Williams, *Porcelain, Repair and Restoration*, The British Museum Press, 2002, p.102.

使用三和牌No.190丙烯酸光油以仿制瓷器的釉质感,但这种材料在完全干透之前非常软,干燥速度很慢,往往是一周之后仍无法干透,光油干燥前器物表面很容易留下指纹等印记。

总之,在古陶瓷修复实践中,仿釉层的硬度太小,直接影响修复质量,已经成为一个突出的修复工艺问题。因为在文献中,未发现关于提高丙烯酸仿釉层硬度的研究报告,本文致力于填补这一空白。具体研究的途径有两个:提高仿釉层固化温度和在丙烯酸光油中加入其他聚合物。

二、实验部分

1. 提高固化温度对于丙烯酸仿釉层硬度的影响

实验样品为白色瓷砖上喷涂适量的丙烯酸光油,共制作了六个样品,分为两组,1～3号在60℃下固化,4～6号在室温下固化。硬度测量使用是自制摩氏硬度计[1](见图1)。摩氏硬度是将滑石、石膏、方解石、萤石、磷灰石、长石、石英、黄玉、刚石、金刚石十种矿物按软硬程度排列,被测物可与这些矿物比较,以确定硬度(见表1)。

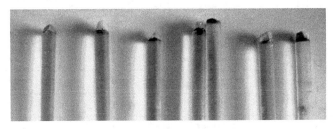

图1 自制的摩氏硬度计
(不同摩氏硬度的矿石用环氧粘结剂固定在有机玻璃棒上制成)

---

[1] Buys & V.Oaklay, *Conservation and Restoration of Ceramics*, Butterworth Heinemann, 1999, p.42.

表 1　摩氏硬度表

名　称	摩氏硬度	名　称	摩氏硬度	名　称	摩氏硬度
滑　石	1	萤　石	4	钢　锉	6.5
石　膏	2	磷灰石	5	石　英	7
指　甲	1.5～2.5	钢　刀	5.5	黄　玉	8
方解石	3	玻　璃	5.5～6	刚　玉	9
铜　币	3.5～4	正长石	6	金刚石	10

丙烯酸光油样品固化后,将样品依次用代表不同摩氏硬度的矿石划过,通过比较来确定丙烯酸涂层的硬度。实验结果表明:提高固化温度可明显提高丙烯酸仿釉层的硬度(见表2)。在提高固化温度并在室温下放置过夜后,丙烯酸仿釉层的硬度明显提高到接近2(丙烯酸仿釉层的硬度大于笔者指甲的硬度,此仿釉层硬度应为1.5～2),基本满足修复后运输等对涂层硬度的要求。

表 2　固化温度对丙烯酸仿釉层硬度的影响

样品编号	固化温度	固化6小时后（摩氏硬度）	室温下放置过夜后（摩氏硬度）
1	60℃	<1	1～2
2	60℃	<1	1～2
3	60℃	<1	1～2
4	室温16.5℃	<1	<1
5	室温16.5℃	<1	<1
6	室温16.5℃	<1	<1

在硅橡胶块上施丙烯酸仿釉,分别在室温和60℃,6小时固化后,取下丙烯酸涂层的薄膜,用日立S-520型扫描电镜放大倍数

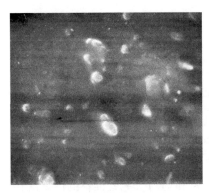

图2 室温下固化的丙烯酸仿釉层的显微形貌(X2000)　　图3 60℃下固化的丙烯酸仿釉层的显微形貌(X2000)

2 000倍(见图2、图3)观测发现:加热后的丙烯酸涂层更加致密、均匀、光滑,而未加热的涂层表面聚集了很多颗粒。

2. 添加聚氨酯以提高丙烯酸仿釉层硬度

聚氨酯清涂料的固化和干燥速度较快,一般在1～2天可干透,干后硬度强,但呈淡黄。本实验期望在丙烯酸光油中添加适量聚氨酯清涂料,从而提高光油的涂层硬度。实验操作如下:

实验采用双组分聚氨酯清涂料,将聚氨酯清涂料的甲组(聚氨酯)和乙组(固化剂)以四比一的比例混合,并拌匀使其充分融合。将拌匀后的聚氨酯清涂料涂抹在光滑的瓷砖表面。1～2天后,瓷片上的聚氨酯清涂料已完全固化,指甲已无法在其表面留下痕迹。

实验将聚氨酯清涂料以5%、10%、15%、20%、25%、30%、40%和50%的比例与光油混合。1～2天后,观察到所有与聚氨酯清涂料混合的光油都已完全固化,其硬度均高于指甲。由此判断,在聚氨酯清涂料不影响色泽的情况下,在光油中加入15%的聚氨酯清涂料可以有效提高涂层干燥速度,增强涂层硬度。

三、结论

古陶瓷修复中,仿釉层的硬度太小,直接影响修复质量,已经成为一个突出的修复工艺问题。通过实验,发现有两种途径可以有效提高丙烯酸仿釉层的硬度:

1. 通过提高丙烯酸仿釉层的固化温度,再放置过夜,可以使仿釉层的硬度从1以下,提高到1.5以上,能够满足修复工艺要求。高温使得仿釉层的微观结构变得更加致密和均匀。笔者推荐的丙烯酸仿釉层的固化温度为60℃,时间持续约6小时。

2. 通过在丙烯酸光油中加入聚氨酯清涂料,使仿釉层的硬度同样得到提高。但聚氨酯清涂料呈淡黄色,使用受到限制。推荐丙烯酸光油和聚氨酯清涂料的比例为100∶15。

笔者注

1. 本文首次刊登于国家文物局博物馆与社会文物司、中国文物学会文物修复专业委员会编:《文物修复研究5》,民族出版社,2009年,第115—118页。
2. 本文推荐的提高丙烯酸光油固化温度的措施对于大多数单色青花器物适用。但有些古陶瓷器的制作历经几次烧结,如本书中提及的清代"太平有象尊",加热时容易开裂,对于这类文物,实施加热一定要格外小心。推荐实行短时间的逐步升温,例如在40℃保持半小时,观察是否有开裂等现象,再决定是否再提高固化温度和延长加热时间。
3. 本文发表得到复旦大学科研处"三金项目"支持,特此致谢。

丙烯画颜料在古陶器修复中的应用

杨植震　俞蕙　李一凡

一、引言

一般古陶器表面完全没有眩光。但是在修复过程中，传统的一些粘结剂（如B-72丙烯酸树脂粘结剂、190丙烯酸酯光油、环氧树脂粘结剂等）往往因为有眩光而难以采用。因此寻找无眩光和操作方便的上色粘结剂，仍是当前国内古陶器修复中的一个急待解决的问题。

丙烯画颜料是一种较新的颜料，在国外的相关论述不少。它的优点有：使用方便、无毒、可逆性好、固化快速等[1]，目前它已经被广泛用于绘画和逐步用于古陶瓷修复。但是在古陶器修复方面，我国文献中关于丙烯画颜料的具体应用还未见报道。

我们曾在2007年的一篇论文[2]中，提及丙烯画颜料是一种具有

---

[1] L. Acton & N. Smith, *Practical Ceramic Conservation*, The Crowood Press, 2003, pp.84–88.
[2] 俞蕙、杨植震、邓廷毅：《古陶器修复的上色材料与工艺》，《上海工艺美术》，2007年第1期，第30—33页。

一些优点的新型的古陶器修复的上色材料,但是报告中对于此类颜料的特性很少涉及。近几年来经过我们的多次修复实践,对于颜料的使用特点有了进一步的了解。同时,我们已经成功调制出修复常用的灰色、棕色和红色等,并成功修复了相应的器物。由此,需要对丙烯颜料在陶器修复中的应用加以总结,以便推广这种新型颜料并用于实际修复。

二、丙烯画颜料及其红外光谱测量

丙烯(画)颜料的确切名称为聚丙烯酸酯乳胶绘画颜料,是颜料、丙烯乳剂和水的结合物。一般丙烯乳剂粘结剂是由共聚物组成:含甲基丙烯酸甲酯、甲基丙烯酸乙酯和甲基丙烯丁酯等丙烯酸酯。

丙烯乳剂在液态时为乳白色,干燥后形成无色透明、坚固有柔韧的薄膜,不易使用打磨法除去。介质可用水稀释,当湿润未干时,可用水溶解洗去,但若完全干燥后成膜,就不再溶于水。仍可用乙醇、丙酮清除之。

市场上有诸多丙烯类画材品牌。国内的此类代表性产品是上海实业马利画材有限公司生产的牙膏管型马利牌丙烯画颜料(见图1)。而在国外此类产品繁多,例如:Daler-Rowney®Cryla Artists' Acrylic Colours、Liquitex®Acrylic Colours、Golden®Artist Acrylic Colors、Winsor & Newton®Artists' Acrylic Colour等,已经发展成为丙烯颜料的系列产品,例如:高粘度、液体、喷枪专用丙烯颜料,有光或亚光丙烯酸光油,塑型软膏等。由于这些产品属于美术画材,其中含有各种用途的添加物,性能各有不同。当应用在古陶瓷修复上,必须经过一段时间的试用检测,判断其性能优劣。

本文所涉丙烯画颜料的研究仅针对国内产品,上海实业马利画材有限公司生产的牙膏管型马利牌丙烯画颜料(见图1)。取少量黑色马利丙烯画颜料,加入溴化钾粉末中压片,制成红外吸收光谱测试样品。用弗利埃红外光谱仪测得图谱(见图2),对比红外标准图谱,确定该颜料含丙烯酸酯类聚合物。

图1 国产丙烯画颜料(原装,十八色)

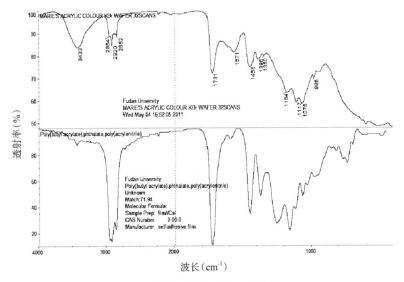

图2 黑色丙烯画颜料的红外光谱

三、丙烯画颜料的优缺点

1. 优点

丙烯画颜料的色层固化后能附着于石膏或环氧树脂等多种材料基

底上,这一特性和环氧树脂颜料(即环氧粘结剂加颜料)类似。但是与环氧树脂颜料相比,丙烯画颜料在文物修复方面,具备一些突出的优点。

(1)无光泽(无眩光)。非常适合古陶器修复的要求。

(2)持久、耐光。丙烯画颜料固化后的粘合剂持久、耐光,色层固化后不易变黄或褪色,适合于一般陶器上色。

(3)无毒性和具可逆性。施工较符合环保要求且操作方便。丙烯画颜料的介质是水,可用水稀释,就此避开使用有毒性且较昂贵的有机溶剂,当色层湿润未干时,用水可以将其溶解洗去。如完全干燥后颜料变为有一定强度和柔韧度的薄膜,不再溶于水,此时可用乙醇、丙酮等有机溶剂清除,或者用温水软化后机械清除。

(4)施工快。干燥时间快,约15分钟干固,可称之为施工快捷。

2. 缺点

(1)粘结强度较小。和环氧树脂粘结剂相比,丙烯画颜料在陶器表面的粘结强度较小。在达到一定厚度时,丙烯颜料薄膜可能会从器物上剥离。同样原因,再加上此薄膜的韧性好,无法用砂皮纸进行打磨,也难以用手术刀进行修剪。

(2)用于瓷器上色有待进一步研究。丙烯画颜料色层固化后无眩光,硬度小(约为摩氏硬度1),和瓷器的表面有区别。故如用于瓷器上色,需要进一步的研究工作。

(3)容易干固失效。某些丙烯颜料一旦打开牙膏管后,水分会挥发,颜料较快干固,导致颜料失效,无法继续使用。因此,使用后需要清洁牙膏管盖上的螺纹,并将管盖拧紧,保证管内水分不丢失。

四、修复实例

1. 灰色的调制——战国出土陶豆的修复

器物描述:豆盘大而浅,直径13.5 cm,器物高15.5 cm,足直径8 cm。

颜色呈青灰色，表面有大量不均匀的土锈，多呈黄褐色。

实际操作：使用马利牌丙烯画颜料对陶器实施上色：使用钛白+（炭）黑色（或威狄克棕）+少量草绿+少量熟褐进行混合后可以调出带青的深灰色。调色时注意将颜色调至略淡于器物的颜色，颜料干后颜色变深，上色效果较好。在对炭黑和威狄克棕进行比较后，发现炭黑属于非常耐光照的颜料，而威狄克棕属不耐受光照的颜料[1]，故一般情况下，笔者推荐使用炭黑作为上色颜料之一。上色前后对比的效果见图版8.1、图版8.2、图版8.3。

2. 土黄色的调制——北魏武术俑的修复

（1）器物描述：武术俑做太极拳白鹤亮翅式姿势，器物颜色呈土黄色，胎的色泽近白色，上有少量彩绘。器物右侧肩部有一条2×3 mm的缝隙，右侧手掌中部处整个断裂，已用环氧胶进行过粘合，留下了一条3×1 mm的缝隙状的线条。

（2）实际操作：在完成拼接、配补、打底后，使用马利牌丙烯颜料对陶俑实施上色，使用钛白+生赭+熟褐，局部再调入少量威狄克棕或少量黑，混合后可以调出土黄色偏白色基调的颜色。上色时应遵循由浅至深，渐渐逼近陶器本身的颜色，在颜料未干时扑上黄土，使上色处和周围的色调相统一。

由于丙烯画颜料的粘结力不够强，在个别部位上色时可以加入白胶水（聚醋酸乙烯乳液）用做辅助上色。具体操作为使用圭笔或小号毛笔等蘸少量白胶水，涂在器物待上色的部位，再抹上粉状颜料或者涂丙烯画颜料，可以得到较好的上色效果。上色前后的效果见图版8.4、图版8.5、图版8.6和图版8.7。

---

[1] G. Thomson, *The Museum Environment*, Butteworths The 2nd Edition, 1986, pp.12–13.

五、结论

1. 经过吸收法傅里埃红外光谱测出,使用的马利牌丙烯画颜料的主要成分应为丙烯酸酯类聚合物。

2. 实验证明,丙烯画颜料具有无光泽、无毒性、耐光性好和施工快的优点;同时具有强度较小和开管后容易干固失效的缺点。

3. 用丙烯画颜料调色,多种颜色均能较快调出,能和古陶器颜色协调和匹配。文中报告了使用丙烯画颜料成功修复博物馆藏的多件古陶器,修复效果良好。

笔者注

1. 本文在2010年在河南安阳举办的"全国文物修复技术研讨会"上,印发各位代表,进行过交流。
2. 本文发表得到复旦大学科研处"三金项目"支持,特此致谢。

仿金颜料
在古陶瓷修复中的应用

杨植震

一、前言

在古陶瓷器中,不乏描金口沿的情况。在古代和现代建筑物中以及很多工业产品的表面也有描金或仿金样品有待修复。本文主要讨论仿金修复中使用的颜料问题。仿金或上金色往往安排在其他上色完成以后进行。对于即将上金色的区域,必须检查其表面,要求表面十分光滑和没有污迹。如达不到这个要求,则应该进行彻底清洗。最好备有金粉、铜粉、金色记号笔等多种色彩的手段,从器物颜色的对比中,选出最接近的颜色。必要时可加入某些成分(如丙烯酸粘结剂等介质、丙烯酸颜料、浮石、磨石粉等),使得金色产生异变后和器物颜色更加匹配。

古陶瓷修复文献中对于金色颜料相当重视,其报道的篇幅往往较大[1],综合文献报道中的金色颜料,其品种可归纳为四类。

---

[1] Lesley Acton & Paul McAuley, *Repairing Pottery & Porcelain — A Practical Guide*, Second edition,The Lyons Press, 2003, pp.97−105; S.Buys V.Oaklay, *Conservation and Restoration of Ceramics*, Butterworth Heinemann, 1999, pp.157−160; N. Williams, *Porcelain Repair and Restoration*, The British Museum Press, 2002, pp.143−145.

1. 丙烯酸金色颜料

随着丙烯酸金色颜料的改进,它肯定属于修复中可以选用的颜料。此颜料和其他丙烯酸颜料的使用方法类似,唯多涂几次可以得到较厚和较深的色层。不同的品牌产品给出的金色不同。施工可使用笔涂或者喷涂等手段完成。

2. 金色记号笔

适合于小面积上色,干后可能呈淡灰色色彩。可以直接使用笔尖上色,也可以把颜料转移到瓷砖(或其他调色板)上,再用常规的手段上色。

3. 铜粉(含青铜粉)

青铜粉的颜色可能是不相同,从淡金色到铜的本色。本色颜料缺少亮光,铜粉因为铜的氧化作用,颜色逐步黯淡。

4. 金粉

金粉较容易和器物颜色匹配,不会像铜粉那样变暗。金粉的色彩和其纯度有关(即18K还是24K等),金粉的价格较高,但是对于贵重器物的修复往往还是值得投资的。

从以上国外文献综述中,可以看出金色上色的研究课题较多,具有重要的实用价值。但是,结合国产的金粉如何进行上色工艺,在国内文保文献中尚未见报道。就是在国外的文献里,至今尚没有各类仿金粉的化学组分数据的报道。本文选定典型的国内市售(仿)金粉,对其化学组分和上色工艺进行研究,获得较理想的应用效果。

二、X荧光分析(XRF)法测量两种(仿)金粉的化学组分分析

在美术用品商店中,选定典型的两种(仿)金粉,即日本樱花牌金粉(瓶装)和国产杂牌金粉(在上海美术用品类商店购得,用塑料

袋包装,没有商标)。用XRF法测量两种金粉的数据,测量的结果表明:主要显色元素是铜(见图1)。实验的条件为:

1. 测量仪器

日本生产的RIX3000型X荧光分析仪。

2. 使用约8克样品,经过压片机处理后进行测量

但这些样品一般不易压成紧密小片,因而采用麦拉膜封护样品的方法处理,以免粉尘沾污真空室。

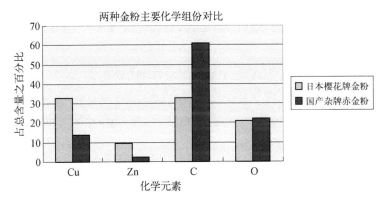

图1 日本樱花牌金粉和国产杂牌赤金粉XRF分析对照表

以上测试表明:颜料中主要化学元素成分都是碳(C)、氧(O)、铜(Cu)和锌(Zn)四种元素。其中日本樱花牌金粉和国产杂牌赤金粉含铜量分别为33%和13%,由于碳、氧、锌三个元素一般不能提供金色,故上述金粉中的显色元素应该是铜,这两种金粉实为仿金粉。但是值得强调的是,在部分文献和商界对于类似产品一般都称之为"金粉"。

三、金色上色的实例

使用目前国内市场上可以买到的两种金色颜料,一种是日本出产樱花牌金粉,一种是国产杂牌赤金粉。前者颜色较浅,后者色深且

略显红色。经过和器物对比,有时用两种金粉混合使用其效果较好。

至于粘结剂,决定选用AAA环氧树脂胶。让粘结剂和金粉混合,使用小楷毛笔可以完成上色。实验结果表明,上金色的效果很好(见图版9.1、图版9.2)。在其他几件古陶瓷器物的修复中,金色也取得较好的修复效果。

笔者注

1. 本文发表于广西博物馆编:《广西博物馆文集(第三辑)》,广西人民出版社,2006年,第306—307页。
2. 本文发表得到复旦大学科研处"三金项目"支持,特此致谢。
3. 本文发表后,有专家建议在被修复的描金层颜色较浅时,可以把粘结剂从环氧树脂类改为丙烯酸酯粘结剂,以免因环氧粘结剂泛黄导致描金层变色。笔者认为此建议十分合理,在此表示感谢。

古陶器修复的
上色材料与工艺

俞 蕙　杨植震　邓廷毅

古陶瓷器有易碎的特性,大多数古陶瓷器难免会因种种原因遭到不同程度的损坏。古陶瓷修复的目的就是在实现文物保护的同时,最小限度地干扰文物所含的各种信息,复原器物的外貌,便于人们对器物的研究和欣赏,从而使文物在博物馆的展览与研究中发挥作用。

对于大多数古陶器而言,修复的一般程序为:清洗、加固、粘结、配补,如果要求达到高水平的修复效果,还需进一步开展打底、上色、仿釉、作旧等步骤。

本文主要介绍陶器修复的"上色"操作,这是修复中相当重要,也是最难的工序之一。"上色"就是对陶器上修复过的部分,如拼缝、补缺之处进行适当修饰,令其在视觉上与文物的总体色泽相协调。但陶器所用的上色材料与工艺与瓷器修复有些不同,不但要求后补的色层修复无眩光,接近陶器的质感,还要注意选择坚韧持久,不易褪色返黄的上色材料,避免重复的修复操作对陶器的损害。

一、陶器修复适用的上色材料

上色所需的颜料一般由粘结剂、粉状颜料和溶剂组成混合物,溶剂在颜色层形成后基本挥发,只留有固化的粘结剂和颜料粉。其中颜料只起到着色的作用,而颜色膜的光泽、硬度、附着力、持久性等特性主要由粘结剂决定。陶器上色所用颜料既可以是市场上出售的美术颜料(其中有的已掺有粘结剂),也可以使用粉状颜料和粘结剂混合使用。适合用于古陶器上色的有机类粘结剂有两类:

(一)聚醋酸乙烯乳剂

聚醋酸乙烯乳剂是陶器上色中主要使用的粘结剂,简称PVAC乳剂或白胶水。优点是干燥后色层无眩光,能较好地修饰陶器裂缝与配补部分,其为水溶性乳胶,操作更快捷方便,清洁无毒,加之价格低廉,乃是国内外的修复者普遍使用的修复材料。

用于陶器修复时,PVAC乳剂可以粘合陶器碎片,加固封护器物表面,也可与粉末颜料混合形成适宜的颜色用于陶器的上色。PVAC乳剂的缺点也很明显,如干燥后形成的色层较不持久,耐水性、耐热性较差,容易脆裂。当掺入颜料粉调色时,PVAC乳剂自身的乳白色会妨碍颜色的准确调配,尤其是较浅的色彩。

(二)丙烯画颜料

丙烯画颜料确切名称为聚丙烯酸酯乳胶绘画颜料,是颜料、丙烯乳剂和水的结合物。丙烯乳剂是由丙烯酸酯、甲基丙烯酸酯、丙烯酸、甲基丙烯酸等单体经乳化剂及引发剂共聚而成的乳液。丙烯颜料为水溶性材料,当色层湿润未干时,可用水溶解洗去。但是如果完全干燥后就变成一种既坚固又柔韧的薄膜,不再溶于水。固化后的粘结剂持久耐光,不像油画那样时间久了就发黄,也不会像某些水彩画那样褪色。

具体来说,在陶器上色的修复中丙烯颜料具备以下几方面优点:

(1)能附着在需上色修饰的陶器表面,不易脱落、龟裂。

(2)固化后色层无眩光,不易变黄、褪色。

(3)为水溶性颜料,干燥时间快,清洁无毒。
(4)色层能溶于香蕉水、丙酮等有机溶剂,具有一定可逆性。
(5)适用于多种绘画技法。用水稀释后具有水彩颜料的特性。

可用于透明晕染,或用喷枪喷涂。若不加水或调入少量的水,可以采用厚笔触作画,层层堆砌,有很强的遮盖力。

二、古陶器修复的上色工艺

(一)上色材料与工具

1. 上色材料

(1)醋酸乙烯酯乳液(白胶水)

上海墨水厂出品的熊猫牌白胶水,可与粉末颜料混合形成适宜的上色颜色。

(2)丙烯画颜料

上海马利牌丙烯颜料:古陶器有红陶、灰陶、褐陶、黑陶等许多颜色种类,但调色所使用的颜色不是很多,除了黑、钛白两色以外,选用的颜料基本上限于土黄、熟褐、赭石、生赭等土色系颜料。

此外,国内市场上还可以购买到法国、英国等出品的丙烯画颜料,质量也很好,但是国内销售的品种不多,而且价格比国内产品昂贵许多。

(3)粉状颜料

除了常见的市售各色粉状颜料外,还可选用一种氧化铁粉状颜料——"哈巴粉",分子式为$(Fe_2O_3)\cdot nH_2O$。哈巴粉多用于木器上色,因能提供深浅不同的红褐色,与许多陶器如紫砂陶的颜色极为接近,故可以充当调色的辅助颜料。有条件者也可自制颜料粉,即挑选颜色接近所修器物的陶瓦碎片,用锉刀磨成粉末并用筛子筛选后备用,充当上色的颜料粉。

2. 上色工具

（1）尼龙纤维笔、中国毛笔。

（2）瓷器、搪瓷、塑料等材质的调色盘。

（3）吹风机：加快颜料层干燥速度。

（4）抹布或海绵：丙烯颜料湿润未干时，可以迅速擦掉颜色；用其上色可创造出特别的纹理效果。

（5）盛水的容器。

（二）上色操作

在正式上色前，预先要用"打底腻子"填平古陶瓷器修复留下的细微裂缝，等干燥后再用砂皮打平，直到指甲刮滑过修复处时，没有硌手的感觉，打底工作才算结束。

1. 白胶水的上色

一种方法是将白胶水与颜料调配后使用。以一件紫砂小陶罐为例（见图版10.1、图版10.2），该器物有缺失，初步已用白色石膏配补完整，然后对石膏的外部进行上色修饰，具体做法如下：首先在调色板上将白胶水用少量水稀释，加入颜色适合的红褐色哈巴粉，调配后用油画笔蘸颜料在陶罐表面浅浅涂刷一层作底色，然后层层填涂，直到着色部位与原器物部位颜色吻合。这种简单涂刷的上色方法只适合颜色简单、质地较平整且上色面积较大的器物。

另一种方法是将白胶水直接涂于器物表面，然后再拍上适宜颜色的粉状颜料，这种方式适合器表不光滑、质地毛糙、上色面积不大的陶器。以下修复的这件陶豆最初用石膏配补完整，但为了展览需要，修复人员采用该方法对石膏外部进行上色处理，效果也较为理想（见图版10.3、图版10.4）。

另一件修复的三峡汉砖原来断为两截，表面质地粗糙、无光泽，用环氧树脂粘结剂粘结牢固，亦采用相同的方法上色修饰拼缝，上色所用颜料是选用颜色接近的陶瓦碎片磨制而成（见图版10.5、图版10.6）。

白胶水的使用范围比较有限，其色层耐水、耐热性相对较差，调色、着色等步骤操作起来不便利。下文将介绍的丙烯画颜料不但使用方便，而且从上色效果来看，完全可以替代白胶水。不过当上色部位颜色单一、面积大，颜料用量多时，使用白胶水更方便、经济。

2. 丙烯颜料的上色方法——点彩法

通过仔细观察可以发现，大多数陶器的颜色实际上并不均匀，而是由许多颜色差别细微、大小形状不一的色块构成，这些不同的色彩交错综合起来形成人眼看来相对统一的颜色。为使上色的部位颜色层次丰富，过渡自然、调配单一的颜色是远远不够的，必须重复陶器上的多种主要颜色，用随意的笔触将这些颜色交错起来以模仿陶器的原色。

复旦大学博物馆馆藏的高山族大陶罐就属于这类的陶器。该陶器修复前碎裂成二十余片，并有部分缺失（见图版10.7）。经过初步修复后，留有明显的长拼缝和大面积的白色配补石膏，需要进一步的上色修饰。大陶罐的外层主要以黑褐色为主，同时掺杂了红褐色、黑色、灰色等多种不同层次的色彩。针对这类陶器色彩的复杂性，可以采用称为"点彩法"的上色方法。

具体步骤如下：首先将颜料直接从锡管中挤出调配颜色，无须用水稀释或者仅用少量的水，令颜料保持较强的遮盖力，使上层的色层干后足以遮盖下层的部分。然后用尼龙画笔蘸取颜料以点或皱擦的方式画在需要修饰的部分。

用笔时，需将笔头垂直地多次点蘸画面，产生分散、蓬松的笔触，从而创造出随意自然的机理效果。或者用揉皱的抹布、纸团或者海绵等工具蘸上颜料后直接在陶器上敷色、皱擦、涂抹，也能够获得较理想的机理效果。关键在于不同的颜色要交错安排，避免在一处堆积同种颜色,最终要使不同的色彩在视觉上协调的混合起来。

当上色不理想时,可用抹布擦掉未干的颜料。如果色层已干,可用粘稠、遮盖力强的颜色直接画在所需修改的地方。此外,丙烯颜料干后的颜色略深,所以每次上色后要等颜料干燥后,才能继续上色,必要时可使用吹风机烘干加快操作。修复后的高山族大陶罐见图版10.8。

又如这件三足双耳釉陶簋,原有绿釉,现已遭剥蚀,基本不可见,器表呈红色且质地致密略有光泽,最初的修复较为粗糙,拼缝明显与周边非常不协调,因此用丙烯画颜料重新进行着色处理,修复痕迹淡化许多(见图版10.9、图版10.10)。

(三)结论

将丙烯颜料用于陶器上色的做法目前还不常用,这可能因为修复者对于这个新兴材料的性能和使用方法不甚了解。通过以上的讨论,我们了解到目前常用的白胶水与粉状颜料构成的上色材料具有配色难度大、使用不便等缺点。相比之下,丙烯颜料则在耐光性、持久性、安全性方面远胜于传统的上色材料,且具有多样性的绘画表现方式,上色时间短、易于修改。因此可以预计,丙烯颜料将在陶器修复或者其他类的文物修复中发挥越来越重要的作用。

笔者注

1. 本文发表于《上海工艺美术》,2007年第1期,第30—33页。此次对文中图片进行重新编号,便于读者阅读。

2. 在选择聚醋酸乙烯乳剂或丙烯酸乳剂的时候,应优先选用pH为7的产品。文中所用熊猫牌白胶水非文物修复专用材料,偏酸性,可能影响文物材质或者色层持久度。

铁红哈巴粉的化学分析和
在古陶瓷修复中的应用

杨植震　俞蕙　姜楠　陈刚

一、引言

哈巴粉是市场上常见的红色颜料,它的典型颜色与许多紫砂器物的颜色接近,故适用于修复某些紫砂、红陶,有时也用于木器的修复[1]。市售的哈巴粉因为产家不同,颜料色调均有一定的差异。哈巴粉长期为人所用,但文献中一直未见对其成分的介绍。因此,对于哈巴粉成分和结构的测定,对于它的光稳定性测定,有助于了解颜料的实用性和被修复器物的再修复周期,避免使用中对文物的伤害,同时也可进一步掌握其性能,从而更好地推广使用。同时,使用在上色过程中的快速上色法[2],有助于缩小施工周期。

本文采用XRF(X射线荧光光谱分析)和的XRD(X射线荧光衍射分析)方法对于红色颜料哈巴粉进行组分和结构分析;并选用UVA紫外灯,对哈巴粉的耐光性能进行老化实验,以此期望对于哈

---

[1] 俞蕙、杨植震:《高山族腰刀的材质分析与修复》,《东南文化》2003年第7期,第96页。

[2] 罗婧、杨植震:《汉代釉陶罐修复中的上色和开片制作》,广西博物馆编:《广西博物馆文集(第二辑)》,2005年,第198—200页。

巴粉的推广使用提供支持性的数据。

二、实验设备与方法

（一）X射线荧光光谱分析法（XRF）分析哈巴粉的化学组分

利用X射线荧光光谱分析法（XRF），可以确定古代文物或颜料的化学组分，为文物的保护与修复提供有价值的数据[1]。

1. 实验设备：德国Bruker公司生产的S4Explorer型X射线荧光光谱仪。

2. 实验样品：$1^{\#}$哈巴粉、$3^{\#}$哈巴粉。

3. 实验流程：

（1）制备样品：使用X射线荧光光谱仪时，须将样品置于真空室中进行分析，因此要求被测样品可被压制成块，不会扬起粉尘污染真空室。具体方法是：取样品约0.5克，加入约3.0克填料硼酸，使用粉碎机或玛瑙研钵粉碎样品，制成200目混合物，称取3.5克于塑料环中，置于压片机上，以25 t压力，静压20 s，即制成直径20 mm，厚5 mm的样片。

（2）测试样品：将仪器经过标准样品调试之后，将制备好的样品放入真空室中，采集数据。

（3）获取测试结果：采集的数据经过XRF机器内的电脑处理，即可获得如下测试结果（见图1、图2），数据表明：两种哈巴粉的主要组成成分均为Fe、Si和Ca。其中，原始数据中Y轴代表特征X射线强度（Intensity，单位一般Kcps），后经处理Y轴代表元素质量分数（Result，%）表示，而X轴代表组分的原子序数，直接绘制出颜料组分含量曲线。

---

[1] 马清林等：《中国文物分析鉴别与科学保护》，科学出版社，2001年，第4—6页；S. Buys & V. Oakley, *The Conservation and Restoration of Ceramics*, Butterworth Heinemann, 1999, pp.50, 202–203；杨植震：《两种仿金色颜料在古陶瓷修复中的应用》，广西博物馆编：《广西博物馆论文集（第三辑）》，广西人民出版社，2006年，第306—307页。

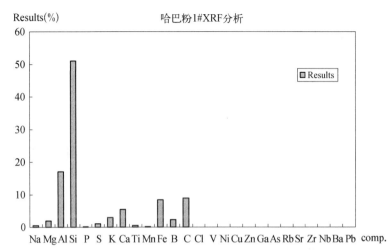

图1 哈巴粉1#XRF测试结果（纵坐标：元素质量百分浓度；横坐标：原子序数）

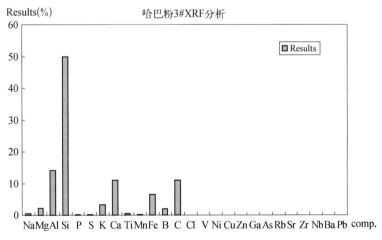

图2 哈巴粉3#XRF测试结果（纵坐标：元素质量百分浓度；横坐标：原子序数）

本实验所用的设备,采样数量仅需0.5克即可。如果采用灵敏度较高的X射线荧光光谱仪(如日本生产的RIX3000型X荧光光谱分析仪等),可以分析出更多的微量元素。但是有时采样量要增加到8克。

(二) X射线衍射分析(XRD)确定哈巴粉的化学结构

X射线衍射分析(XRD)是一种晶体材料结构分析方法[1]。X射线衍射分析所需样品量小,一般为0.5 g,在特殊情况下,0.1 g同样可以进行测试。在分析时,要求样品能够站立,以便X光投射,对于那些无法站立的样品,一般可用凡士林作为粘结剂使其粘结并站立。分析测试所用仪器为日本Rigaku公司所生产的D/max-rB型XRD分析仪,实验结果见图3。

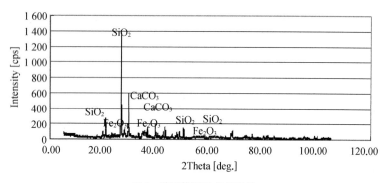

图3 哈巴粉XRD分析结果

由X射线衍射分析结果(见图3)可知,哈巴粉的主要组成成分为二氧化硅、碳酸钙(填料)和氧化铁;因此,可推理Fe_2O_3应为哈巴粉主要的显色成分(二氧化硅、碳酸钙为无色或白色,使其显示出暗红色)。除此之外,哈巴粉中还含有其他微量元素,推测为在生产过程中混入,并不对哈巴粉的化学性能和显色产生较大影响。由于Fe_2O_3为无机

---

[1] 马清林等:《中国文物分析鉴别与科学保护》,科学出版社,2001年,第4—6页。

物,化学性质非常稳定,耐光性、耐化学攻击性能较好,不易与其他物质发生反应,不会对文物造成伤害。同时哈巴粉价格低廉,因此,适用于作为文物的修复材料。因为铁红在颜色上呈深红色,因此主要适用于木质文物、新石器时期红陶器和红色紫砂的修复上色。

(三)哈巴粉的光稳定性测试实验

XRD和XRF分析已经确定哈巴粉的颜色是其所含氧化铁成分决定的。Garry Thomson 所著《博物馆环境》(*The Museum Environment*)一书中的"常见颜料耐光性一览表",氧化铁颜料被划为"极其持久的颜料"[1]。但是由于哈巴粉为混合物,因此其耐光性能需要进一步检验。

本实验即通过比较哈巴粉与纯氧化铁(氧化铁红)在长时期紫外线辐照下的色差变化,来确定哈巴粉是否同氧化铁一样具有较好的耐光性,较理想的色彩持久度。实验采用20瓦UVA紫外荧光灯(紫外辐照度:19 μw/cm^2)模拟室外紫外线对颜料的破坏性作用。方法是利用紫外灯持续照射哈巴粉,并定时用色差计测量哈巴粉颜色的变化,以评估哈巴粉颜料对于紫外光的耐受性能。

实验使用申光牌WSC-S测色色差计(上海精密科学仪器有限公司生产),测色标准采用1976年国际照明委员会推荐的CIE 1976($L^*a^*b^*$)系统,该系统为国际通用的测色标准。CIE 1976($L^*a^*b^*$)系统中,L^*值对应于色彩三要素的明度,色度a^*值从红色($+a^*$)到绿色($-a^*$)渐变,b^*值从黄色($+b^*$)到蓝色($-b^*$),$+a^*$代表试样偏红,$-a^*$代表试样偏绿,$+b^*$代表试样偏黄,$-b^*$代表试样偏蓝。L^*、a^*、b^*可由以下公式[2]求得:

---

[1] Garry Thomson, *The Museum Environment*, Butterworths, 1986, p.11.
[2] 色彩学编写组:《色彩学》,科学出版社,2001年,第90—91页。

$$L^* = 116(Y/Y_0)^{1/3} - 16 \ (Y/Y_0 > 0.01)$$
$$a^* = 500[(X/X_0)^{1/3} - 16(Y/Y_0)^{1/3}]$$
$$b^* = 200[(Y/Y_0)^{1/3} - 16(Z/Z_0)^{1/3}]$$

其中：X_0，Y_0，Z_0 为 CIE 标准照明体的三刺激值，X，Y，Z 为被测物体的三刺激值。

$\Delta E(L^*a^*b^*)$ 表示各数值与标准值差间的距离，体现了实验过程中颜色的综合变化趋势，其计算公式

$$\Delta E(L^*a^*b^*) = [(L^* - L_0)^2 + (a^* - a_0)^2 + (b^* - b_0)^2]^{1/2}$$

从图 4 显示的纯氧化铁、哈巴粉 I、哈巴粉 III 的 ΔE 数据可知，经过 26 天的长时间紫外辐照，从色差 ΔE 的变化范围来看，哈巴粉与纯氧化铁并没有大的差别，ΔE 的曲线波动逐渐趋于一致，三个样品的 ΔE 值均保持在 0～4 的范围内，测试后期最终三个样品都稳定在 1.5～2.5 之间。因此可以判断，市售商品哈巴粉虽然只含有部分氧化铁，但就紫外辐照的持久度而言，与纯氧化铁（红色）并没有大的区别，因此也可以作为氧化铁的替代品使用。

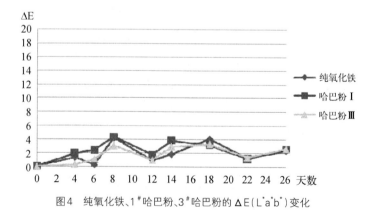

图4　纯氧化铁、1#哈巴粉、3#哈巴粉的 $\Delta E(L^*a^*b^*)$ 变化

多年以来，哈巴粉在文物修复中已有使用，但是这多是出于实际经验的判断，并没有正式的材料研究的支撑，此次通过XRD、XRF的分析和紫外灯的老化实验，可以明确哈巴粉作为文物修复用颜料安全性和持久性。

三、哈巴粉在紫砂陶器修复中的应用实例

笔者的文物保护与修复实验室曾使用哈巴粉成功修复一件紫砂茶壶的壶盖。修复前壶盖破裂成四部分（见图5），全部拼接后仍有若干小块缺失（见图6）。最后使将环氧树脂粘结剂（AAA超能胶）混合哈巴粉，在所缺部分填补并且着色，待固化后用砂皮打平即可。这种方式可以将打底、上色和作旧一次完成（见图7），由于利用与原器物颜色接近的哈巴粉颜料，所以调色过程大为简化，修复后的紫砂陶器色泽协调，达到比较理想的陈列修复的水平。

图5　紫砂壶盖（修复前）

图6　紫砂壶盖（修复中）

图7　紫砂壶盖（修复后）

四、结论

经过以上对哈巴粉进行的组分分析、耐光性老化实验以及在陶器修复中的实际使用,可以得出以下结论:

1. 经 XRF 法测定哈巴粉的显色元素是铁。

2. 经过 XRD 法测定,哈巴粉的主要化学物质是 SiO_2、$CaCO_3$、Fe_2O_3。显色化合物应为 Fe_2O_3。

3. UVA 紫外光老化实验,配合色度计测量,可以测定颜料的耐光性。实验证明 Fe_2O_3 在哈巴粉体系中的耐光性良好。

4. 使用哈巴粉作为主要颜料,在修复某些紫砂、红陶等器物时,可以明显简化调色工艺,可在博物馆馆藏器物和民间收藏修复中推广应用。

笔者注

1. 本文发表于中国文物保护技术协会、故宫博物院文保科技部编:《中国文物保护技术协会第五次学术年会论文集》,科学出版社,2008 年,第 320—325 页。

2. 本文发表得到复旦大学科研处"三金项目"支持,特此致谢。

水性丙烯类绘画材料在古代瓷器修复中的应用

黄艳 俞蕙 杨植震

一、瓷器修复上色材料概述

上色时所使用的材料可分为三大类：粘结剂（上色介质）、颜料（着色剂）、稀释剂（溶剂）。颜料形成与器物吻合的色彩；粘结剂用于固定颜色，模拟器表质感；稀释剂用于调节涂料稀薄[1]。本文要进行的不是颜料的筛选而是粘结剂（上色介质）的研究。瓷器修复上色工艺一般可分为着色和仿釉两道工序，各修复师所用的颜料大致相同，区别就在于粘结剂（上色介质）即仿釉基料的不同，材料的差异会使修补部位呈现出不同的视觉效果与色泽持久度，关系着上色成败。

硝基清漆作为仿釉基料曾被广泛使用。硝基清漆干燥速度快，涂膜光泽好，坚硬耐磨，便于整饬，操作方便，但缺点是一般会使用有中等毒性的稀释剂如乙酸乙酯等，多层次施工易出现"翻底"现象，耐光性、热稳定性和耐化学腐蚀性差，有经验的古陶瓷修复工作者一

---

[1] 俞蕙、杨植震：《古陶瓷修复基础》，复旦大学出版社，2012年，第93页。

般会把硝基漆和醇酸清漆结合起来交替使用[1],现在修复工作者一般使用改良后的硝基漆。

丙烯酸酯树脂亦普遍用于低温釉陶和高温瓷器上色,常用产品为丙烯酸酯漆,包括色漆和透明漆,目前国内还没有专门用于文物修复的丙烯酸树脂产品,只能选用普通商业产品[2]。

与国外修复专家交流时,了解到在法国会使用聚氨酯树脂作为仿釉基料,一般是Autocolor和Valentine两种产品。此外,也有专门的古陶瓷修复仿釉产品,如Golden Porcelain Restoration Glaze、Golden MSA Varnish(含抗紫外线稳定剂)、Rustins Ceramic Glaze等产品,都是水性的丙烯酸树脂光漆,专为瓷器修复而研发,可使用喷枪上色,亦可以适当的水来进行稀释[3]。

综上,国外的主流趋势是使用丙烯酸类的材料,更倾向于水性的单组分产品。这类修复材料有着耐光性好、具有可逆性、适合喷枪上色等优点,在满足修复需要的同时,还能降低从业人员伤害,减少环境污染。

目前,我国博物馆修复上色时普遍使用较多的有机溶剂,如乙酸乙酯、香蕉水、天那水等,它们都具有一定毒性且易挥发,既不利于修复工作人员的健康,亦不利于环保。因此探索出一套有同样修复效果但更加安全环保的上色工艺十分必要,本文提出改良目前的上色方法,使用水性丙烯类绘画材料上色,最后使用丙烯酸酯透明漆罩光达到仿釉效果。

---

[1] 毛晓沪:《古陶瓷修复》,文物出版社,1993年,第142页。

[2] 俞蕙、杨植震:《古陶瓷修复用丙烯酸仿釉涂料的研究》,郭景坤主编:《'05古陶瓷科学技术国际讨论会论文集6》,上海科学技术文献出版社,2005年,第544—551页。

[3] 俞蕙:《国外古陶瓷修复仿釉产品综述》,国家文物局博物馆与社会文物司、中国文物学会文物修复专业委员会编:《文物修复研究6》,民族出版社,2012年,第405页。

二、水性丙烯类绘画材料的特点及应用

水性丙烯类绘画材料在国外应用范围较广，尤其是近几年来，使用水性丙烯类上色材料上色技术得到很大提高，英国修复专家 Lesley Acton 在其著作中提到他们约 99% 的上色都由水性丙烯类绘画材料完成[1]。水性丙烯类绘画材料确切名称为聚丙烯酸酯乳胶绘画颜料，是颜料、丙烯乳剂（丙烯酸酯乳液）和水的结合物。使用时可以用水稀释，当水分挥发后形成坚韧的色层，因为水分的挥发，干燥后的颜色会比调配时的颜色略深，使用前可先进行实验，待其干燥后看颜色是否是想要的颜色，再大面积上色。国外许多修复案例表明，水性丙烯类绘画材料使用灵活，可达到多种修复效果[2]。

在国内，使用水性丙烯类绘画材料上色不多见。据发表的文献，有时会将其应用于器表粗糙的陶器或釉陶，复旦大学文物保护实验室之前也有过成功的应用[3]。

尽管在陶器上有过实践，但除中山舰出水瓷器的修复报告略微提及外[4]，将丙烯画材料用于高温瓷器上色的文章鲜有发表，过去修复师也一直认为其不适用于高温瓷器上色。随着丙烯上色实践的增多，其在高温瓷器上色方面广阔的应用前景凸显，特别是在一些颜色复杂的彩瓷上，优势明显，在将这种材料推广使用之前，需对其性能

---

[1] Lesley Acton & Natasha Smith, *Practical Ceramic Conservation*, The Crowood Press Ltd, 2003, p.84.

[2] Lesley Acton & Paul McAuley, *Repairing Pottery and Porcelain*, Herbert Press, 1996, pp.82, 94.

[3] 俞蕙、杨植震、邓廷毅：《古陶器修复的上色材料与工艺》，《上海工艺美术》，2007年第1期。

[4] 李澜：《中山舰出水水瓷器的修复》，《中国文物科学研究》，2009年第3期。

进行分析测试。

三、水性丙烯类绘画材料的性能分析

新方法所采用的水性丙烯类绘画材料并不是专门为古陶瓷修复而设计,是市场上的美术产品,品种较多,实验选用国内外常用的几种丙烯类绘画材料,对其进行分析测试,判断成分和性能,筛选出适合修复的材料。

1. 材料的成分分析

(1) 红外吸收光谱

成分分析采用红外吸收光谱(IR),IR是分子结构组成定性分析的重要方法之一,可进行粘结剂的确认与剖析、纤维质文物材料鉴别、彩绘颜料的检测等。红外吸收光谱的广泛应用使其积累了大量标准红外光谱数据库(如Sadtler标准红外光谱集等)可供查阅。

(2) 试验样品

选择的样品是在平时工作中常用的法国拉斐尔(Raphael)牌水性丙烯类绘画材料(Acrylic medium)。

(3) 结果及分析

根据光谱表征(见图1),可基本确定该水性丙烯类绘画材料是一种丙烯酸酯类聚合物(Acrylic Polymer)。

2. 紫外-可见光光谱分析

颜料的变色:一是材料自身老化变色;二是其下面的打底环氧树脂老化变色。优秀的材料首先要耐色性好,其次要有一定的紫外吸收功能,延缓下层环氧材料变色。本实验选取市面常用的几种水性丙烯类上色介质进行紫外-可见光谱测试,测试所使用的材料对紫外线的吸收能力,从而推断它们的抗紫外性能。

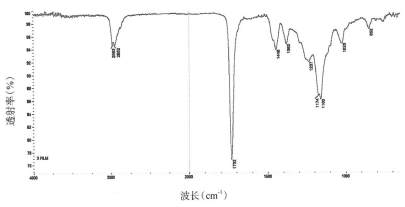

图 1　法国 Raphael 牌水性丙烯类绘画材料红外吸收光谱

（1）测量仪器

Gold Spectrumlab 54 紫外可见分光光度计。

（2）样品

在石英片上刷涂上色介质制备样品，待干燥后进行测试。拟进行测量的丙烯类绘画材料（acrylic medium）品牌是市场上使用较多的几种：贝碧欧牌、Raphael 牌、Golden 牌及温莎牛顿牌。

（3）结果及讨论

紫外线是包括 10 nm ～ 400 nm 的光，小于 300 nm 的光一般被大气层中的臭氧层吸收，不能到达地面，再考虑到玻璃窗和陈列柜玻璃等对紫外线的吸收，一般 λ=325 nm ～ 400 nm 紫外线才能到达展示品[1]。要判断各类丙烯上色介质对紫外线的吸收能力，可观察各材料在 λ=325 nm ～ 400 nm 时的紫外线透过率，透过率越低，推测材料抗紫外性能越强。经过测试，四种材料的紫外-可见吸收光谱如下（图 2）：

---

[1] Garry Thomson, *Museum Environment*, Second Edition, Butterworth-Heinemann, 1986. p.5.

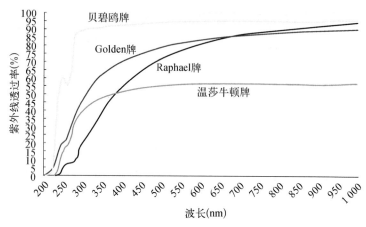

图2　各品牌丙烯上色介质紫外-可见吸收光

表1　当λ=325 nm ~ 400 nm时,各丙烯上色介质的紫外线透过率

品牌名称	紫外线透过率(%)
贝碧欧	90.4 ~ 92.7
Raphael	27.2 ~ 54.8
Golden	44.4 ~ 51.8
温莎牛顿	45.1 ~ 51.8

据表1,可推测四种丙烯上色介质都有一定的抗紫外性能,对紫外线吸收能力各有不同,贝碧欧牌丙烯介质可吸收约10%的紫外线,Raphael牌丙烯介质,可吸收约50% ~ 70%的紫外线,Golden牌和温莎牛顿性能差异不大,二者紫外线透过率约为50%左右。

3. 光稳定性研究

选择上色材料时硬度和抗老化性是两个重要因素。通过紫外-可见吸收光谱测试,可大致推断出拟要采用的丙烯类绘画材料具有一定的抗紫外性能，能过滤空气中的一部分紫外线。但其实际的抗紫外老化性能如何，还需验证。实验在老化箱内进行，利用高能量的紫外光源加速上色材料的变黄过程。

（1）仪器设备

a. 分光测色计

测量样品色差变化需使用分光测色计测量 L，a，b 值，据此计算出总色差值 ΔE，计算公式为：$\Delta E=[(L-L_0)^2+(a-a_0)^2+(b-b_0)^2]^{1/2}$

b. 紫外光源

为更接近实际情况，老化箱内采用峰值为 365 nm 的紫外线光源，紫外线密度为 1 900 μm/cm^2。

（2）样品制备

老化实验对比样品选择丙烯酸色漆。丙烯酸酯色漆选择彩虹牌，水性丙烯类绘画材料选择马利、温莎牛顿、Golden、贝碧欧四个市面上的主流品牌制备样品。

样品制备方式模拟实际的上色操作步骤，先用喷枪在载玻片上喷涂上色材料，待其干燥后罩一层丙烯酸 190 光油。同样的样品制备两组，一组用于老化，一组作为参照，干燥成膜后置于黑暗中保存。

（3）结果及讨论

实验将样品放置于老化箱内加速老化，每隔 3 天测一次 L、a、b 值，老化前、老化 3 天、6 天、9 天、17 天的总色差值 ΔE 见图 3：

据图 3，可见五组样品的色差变化皆在可接受范围，ΔE 都在 1.5 以下，肉眼无法分辨这种变化，通过仪器可测量，对瓷器上色影响不大。丙烯类绘画材料与丙烯酸色漆的抗紫外老化性能并无太大差距，市面上常见的几种水性丙烯绘画材料，抗紫外老化性能略有差别。

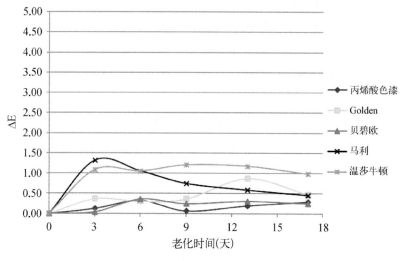

图3 抗紫外性能实验色差变化图

4. 丙烯酸酯透明漆对水性丙烯类绘画材料的作用

水性丙烯类绘画材料上色后,需要在修复部位表面罩一层丙烯酸酯透明漆,模拟瓷器的釉质感。实践中发现,此环节容易发生"翻底"现象,一旦发生"翻底",则必须返工,因此在上色前对使用的材料进行模拟实验十分必要。

(1) 样品

经过综合考量,本文先排除在上色中使用Golden牌丙烯材料,尽管其有较好的性能,但其价格昂贵,成本过高,其他国产品牌温莎牛顿、贝碧欧、马利的性价比高,可以选择使用。

(2) 结果及讨论

实验在白瓷板上进行,先在白瓷板上挤出各品牌丙烯类绘画材料,然后喷涂丙烯酸190光油,通过肉眼观察是否有颜色析出,如果有,在真正上色时就会出现"翻底"现象(见图版12.1)。

表2　各品牌丙烯类绘画材料模拟实验"翻底"情况

产　品	"翻底"色号	颜料析出程度	是否可用
贝碧欧	33号红色	明显	避免使用
	23号橙色	轻微	少量使用
温莎牛顿	420浅绿	轻微	少量使用
马　利	土黄	明显	都属于常用色,此外,马利颜料的颗粒度较大,不适用于瓷器上色
	柠檬黄	明显	
	大红	明显	
	粉绿	轻微	
	威狄克棕	明显	

四、水性丙烯类绘画材料在民国广彩瓷罐修复中的应用

上述性能分析表明使用水性丙烯类绘画材料上色具有可行性,贝碧欧牌和温莎牛顿牌是较好的选择。之后在一件民国广彩大罐的修复中作了应用,对工艺过程、操作要点有了掌握。该大罐表面装饰颜色丰富艳丽,主要色彩有蓝、白、红、绿、黄等,图案生动,构图复杂,很适合作上色尝试。最后的修复结果表明,水性丙烯绘画材料上色法可很好地恢复瓷器的色彩和光泽,修复效果能满足博物馆瓷器修复的需求(见图版12.2、图版12.3、图版12.4、图版12.5)。

瓷器上色结合喷涂和笔绘两种方法,针对面积大且颜色单一的底色,采用喷枪喷涂,实现过渡自然、光滑平整的釉面基色。底色喷涂完成后,用毛笔对器表装饰图案缺失部分进行补绘,对一些需要表现晕散效果的部分则辅用喷涂。调制颜料时只需使用水作为稀释剂,喷涂底色的颜料可在干净玻璃瓶或塑料小瓶中进行调制,以钛白为基色,少量叠加靛青、土黄和熟褐,笔绘时在调色板上准备颜料,可

适量添加丙烯介质增加透明质感,不满意的部分未干时可用水拭去,干燥后可以用酒精擦除。

最后选用丙烯酸酯透明漆罩光,既可模拟高温瓷器的釉质,又能起到保护作用,防止修复部分老化变色和磨损。

五、分析与讨论

水性丙烯类绘画材料性能经过测试后,结果显示其可以满足瓷器上色要求,实际的修复案例表明其能满足博物馆修复工作需求,且有以下优点:

1. 安全环保,减轻了对修复人员的身体伤害。丙烯颜料上色只使用无毒或低毒的溶剂,如水、酒精等,只在最后阶段使用丙烯酸酯透明漆罩光时用到少量的有机溶剂,操作过程安全性高,更环保,有利于修复人员的身体健康。

2. 丙烯材料具有可逆性,未干时可以以水拭去,干燥成膜后可以酒精或丙酮溶解。

3. 市面上的丙烯产品颜色种类丰富,表现纹饰有优势。除了能提高调色的准确性,在补绘纹饰时,使用丙烯画颜料上色可以通过笔绘和添加上色介质来表现纹饰细节,在修复颜色复杂的彩瓷时很有优势。

4. 丙烯酸酯漆罩光后,可以在其上补绘纹样,不会造成"翻底"。

5. 操作难度降低,修复效率提高。过去常用的调色方法是在丙烯酸酯漆中加入油画颜料或粉状颜料调配颜色,要求快速、准确,需要修复工作者有很扎实的美术功底和颜色敏感度,使用现在的方法,初学者可以通过一点点的颜色叠加和反复试验得到想要的颜色,如果调色不能一次完成,可封存起来下次继续在此基础上调色。过去使用丙烯酸酯漆上色,几道喷涂之间需要有足够的干燥时间,否则喷涂料中的稀释剂会溶解前层未干的涂料，造成"翻底"，只能返工。使用水性丙烯绘画材料可以反复叠加，若需要干燥只需吹风机加热几秒即可继续，节省了不少时间，提高了修复效率。

当然，使用水性丙烯绘画材料上色也存在着一定的缺陷，如涂层干燥成膜后不易打磨和涂层硬度较低等。

笔者注

本文为首次发表，第一作者黄艳为复旦大学文物与博物馆学系2015级研究生。

第二章

修复工艺篇

清初青花将军罐的修复纪实

杨植震 邓廷毅 俞蕙

一、修复前器物概况

此次修复的青花将军罐为中国清代初期生产的佳品，器形高大挺拔，青花青翠鲜明。造型为直口、短颈、丰肩、腹部渐收，口部有2个圆孔。罐身与罐盖绘有象征富贵吉祥的青花缠枝牡丹麒麟纹，纹饰运笔流畅、发色鲜艳有层次。罐高53厘米，腹部最大直径38厘米。经专家初步鉴定断为清代顺治或康熙时期的产品。

修复前，将军罐口沿多处碎裂且有部分缺失，器身腹部有一处较大范围的碎裂，留下直径约8厘米的洞状缺损（见图版13.1），因此在腹部受力时容易进一步碎裂。罐盖边沿大块缺失，顶钮丢失（见图版13.2）。器盖与器身口沿分布有不均匀黑色或棕色的土锈斑，裂纹和缺失处留有黄色的粘结剂痕迹，显示该器物曾经过一定的修复。

总之，该将军罐受损情况比较严重，口沿经过粗率的初步粘结，有的缺失部分没有填补，留下较深的裂纹（见图版13.3）。另外，器部可见大面积裂纹（见图版13.4），器腹有缺洞，这些都是器物结构不稳定的因素，不利于器物的长期保存，也无法满足展出收藏的需要。因此，综合考虑该青花将军罐的破损状况以及器物主人的实际需求，决定对其进行美术修复，并制定了相应的修复方案。

二、青花将军罐修复过程

1. 清洗

主要清除一般的污泥土锈和以往修复留下的黄色粘结剂。用棉花球蘸清水或酒精擦拭器表，除去一般的污泥浊土；对黄色残留粘结剂，用含丙酮的棉球清洗，有时需配合手术刀或细木砂皮纸刮除残胶。

2. 配补

（1）孔眼和缝隙配补

在环氧树脂粘结剂中掺入滑石粉调配成"腻子"，填补器身中部的缺口以及口沿的裂缝、缺损。固化后用锉刀和砂纸打磨平整。

（2）罐盖的配补工艺

加热牙科打样膏使之变软，紧贴在罐盖边沿完好的部分，待打样膏冷却后取下，这样就在打样膏上留下器物口沿的外部造型，然后把取好样的打样膏移到缺失的口沿处作为外模，注入石膏。石膏固化后取下，粘结在缺失处。随后，将环氧树脂粘结剂用酒精稀释后，涂在石膏表面，使之渗入石膏，起到加固作用。待固化后，用砂皮打磨修饰。

罐盖的顶钮制成方法：用近似顶钮的10毫升容量瓶为原型，制作两块石膏模，然后在石膏模中灌入环氧树脂粘结剂和滑石粉的混合物。固化后取出环氧腻子固体的顶钮锥形，用手术刀进一步雕制，最后用环氧树脂粘结剂将顶钮粘结到器盖上（见图版13.5）。

3. 打底

此阶段，器表的拼缝与裂缝处仍旧不平整，可采用酒精稀释后的环氧腻子，涂抹不平处，待粘结剂固化后，再用细砂皮打磨平整。此操作要反复多次，注意再次调制环氧腻子时，调节稀释剂量（往往是需要比上一次腻子的配方中增加一些稀释剂），直到指甲在配补处可流畅滑动，没有凹凸不平滑的感觉，才可确认打底完成。

4. 上色

（1）喷涂底色

器物的底色为偏蓝的白色，可选用丙烯酸涂料和油画颜料混合调制，即金红石型二氧化钛白色（丙烯酸涂料）+群青（油画颜料）+生赭（油画颜料）为基础，再加少量透明丙烯酸涂料（190号光油）和乙酸乙酯等稀释剂。笔者认为，与传统的使用红、黄、蓝、白、黑五种基本颜料来调制底色的方法相比，这里报告的调色方法（即白色、群青和生赭三种颜料），具有两个优点：一是调色快；二是由于钛白、群青和生赭都是十分耐光的颜料[1]，可以预期得到比较好的修复质量。

上底色采用喷枪喷涂的方法。选用喷口为0.3毫米的喷枪，空气压缩泵的工作压力控制在0.5～2.5大气压。正式喷涂前，检查喷涂设备，确认设备工作良好。在喷枪的料斗或其容器中调好喷涂底色的料液，用毛笔或喷枪在器物完好处试涂或试喷（待喷涂后，可用棉花球蘸丙酮清除之），比较调好的底色是否与原器有色差，如缺蓝色或黄色，再相应加入群青或生赭，而如果缺少白色，则加一些钛白，直到颜色完全匹配，再正式开始喷涂。使用喷枪喷涂可以达到上色过渡自然的效果，有效修饰淡化了修复痕迹。

---

[1] G. Thomson, *The Museum Environment*, 2nd Ed., Butterworths, 1986. pp.11-12.

(2) 补绘青花纹饰

用松节油为基料,加入油画颜料群青和少量的青莲,用小号毛笔(如圭笔等)调匀,绘出配补处遗漏的图案。

(3) 作旧

将军罐的口沿及腹部分布黑色或棕色的"锈斑"。在配补处没有这样的锈斑,为了使其外观与原器协调,需用弹拨法进行作旧。方法是先将松节油和熟褐、黑色(油画颜料)调配弹拨其上,形成褐色或者黑色的锈斑。

(4) 仿釉

底色与纹饰补绘完全干燥后,用丙烯酸透明漆(190号光油)喷涂,将所有纹饰罩在其下,模拟出釉下彩的效果。罩光层完全固化需要较多的时间,可适当加温加快仿釉层固化的速度(修复效果见图版13.6、图版13.7、图版13.8和图版13.9)。

附录:主要修复材料

1. AAA超能胶:该粘结剂为两组分,红管为粘结剂,蓝管为固化剂。经过红外光谱法检测,红管内为双酚A环氧树脂,B管内为胺类固化剂[1]。

2. 油画颜料:已有报道称,颜料中的杂质太多,影响修复的质量,且不同品牌的群青含有的杂质量不同。笔者选用颜料时,已经考虑了这个因素。例如,所选用的上海生产的群青和对比颜料比较,含有较少的杂质硫[2]。

---

[1] 杨植震等:《湿度变化对环氧粘结剂固化影响的研究》,广西壮族自治区博物馆编:《广西博物馆文集(第五辑)》,广西人民出版社,2008年,第197—199页。

[2] 杨植震、俞蕙:《现代分析方法在古陶瓷修复中的应用》,罗宏杰、郑欣淼等主编:《'09古陶瓷科学技术国际讨论会论文集7》,上海科学技术文献出版社,2009年,第790—796页。

3. 190丙烯酸光油喷漆：主要成分丙烯酸酯、天那水、石油液化气、DME。

笔者注

1. 本文发表于《上海工艺美术》，2013年第3期，第106—107页。
2. 附录"主要修复材料"首发时曾略去，笔者认为该部分具有一定的实用价值，现补上。

清代中期釉陶"太平有象"尊的修复

杨植震 余 辉 李 冰 李一凡

一、导言

众所周知,古陶瓷是考古现场的主要断代器物之一,带有重要的文物信息,其出土及传世的器物数量很大,待修复的器物数量也十分巨大。古陶瓷修复技术与青铜、石器等器物乃至工艺美术品修复密切相关,相互促进。古陶瓷修复一直是文博单位的经常性的工作之一。显然,对于古陶瓷修复技术的研究具有重大现实意义。鉴于历史的原因,现今的古陶瓷修复工艺中存在众多需要解决的问题,例如:如何精确拼接某些难以固定的碎片或部件、如何快速、逼真地制作器物表面的纹饰,如何有效防止环氧树脂粘结剂变色等。本文致力于为填补上述的空缺作出贡献。

二、实验部分

1. 待修的器物

待修复的器物为一对清代中期釉陶"太平有象"尊,象身全长39厘米,高48厘米,宽21厘米。其中,一只象的尾巴朝右面(见图版

14.1,尾向右的象);另一只象的尾巴朝左面(见图版14.2,简称尾向左的象)。器物胎体偏黄,釉色奶白,釉面以红、黄、绿、蓝、灰、黑等各色装饰,胎体硬度经测试为摩氏5度左右。整件器物寓意"太平有象",大象背顶画瓶,瓶身四面开光,内堆塑出四幅清代流行的博古图,从头至尾满身,头顶宝相花,色彩绚烂,背部披毯,毯面为海水江崖、五彩祥云,一条正面金龙雄壮矫健,口吐宝珠,毯部边缘装饰有蜂巢纹、云雷纹,系带颜色丰富,点缀着篆体寿字和流苏铃铛。该器器型壮硕,造型准确,刻画细腻,纹饰华丽,寓意吉祥,模仿了珐琅器的特征。由于器物含有龙纹,推断器物主人应当是等级较高的皇亲国戚或贵族官宦。综合来看,这类器物多出现于清代中期。器物要求达到美术修复,即基本上不留下修复痕迹。

2. 修复的主要部分

(1) 拼接部分

尾向左的象,需要拼接的是象的右前腿和右耳(见图版14.3、图版14.4)。其中右耳在拼接时不易固定相对位置。

(2) 配补部分

配补的工作量主要涉及尾向右的象。其配补主要部分有:

A. 象鼻附近的4块釉(见图版14.5)。

B. 毯子上缺少若干回纹、祥云和某些底色(柠檬黄和湖蓝)(见图版14.6)。

C. 器物最高处的花瓶缺失一块橙色口沿(见图版14.7)。

3. 修复的主要难点

器物体积和重量较大,每只象重5公斤以上,不允许在修复过程中倒置或侧睡,否则会因挤压而引起顶部花瓶或象耳的损坏。这样,器物只能在站立的情况下修复,使得拼接一些碎片(如象耳)时,不能借用重力帮助准确拼接(因为当陶象站立时,破碎的耳朵因重力存在,无法固定在耳根部,而是自动向下脱落)。当选择环氧粘结剂作为主要粘结剂时,因为该粘结剂在室温下固化缓慢,显然在拼接象耳时,需要特殊的固定手段。

器物结构较复杂,在修复过程中可能发生"空间障碍",要求对于修复的程序合理规划。例如:在修复尾向右象时,需要拼接该陶象的右前腿和象耳,这时如先拼接象耳,则象耳将屏蔽部分象腿,使得象腿的修复操作难以完成。故修复的次序必须是先拼接和修复象腿,待象腿的修复完成后,再拼接和修复象耳。同样因为结构原因,即使拼接顺序正确,在拼接象腿后再拼接象耳,象耳的背面局部也仍旧无法看清,拼接时只好凭指尖的感觉,判断对位是否准确("空间障碍"),这是修复本器物时的特殊困难。

器物表面凹凸结构多样,例如:大象腿部皮肤的皱纹是阳文,而象耳的纹饰是阴文。毯子的底色为细而小的凸起的湖蓝小点组成,而祥云则在较高的平台上展开。凹凸结构多样增加了修复的难度。

整个器物使用的色彩品种较多,均要求准确上色。需要上色的部分含8种颜色:黄色的大象皮肤、蓝黑色的回纹、回纹周围的底色是略偏棕色的柠檬黄、大象皮肤皱纹间显褐色、毯子底色为湖蓝色、祥云主色是白色、祥云另一主色是深蓝色、花瓶的口沿是橙色。如要求每种颜色都和原器物匹配,就要求修复者具有较多的调色经验,调色过程也较长。

4. 修复的过程的主要新技术

象耳拼接时,同时使用AAA超能胶和502瞬时粘结剂[1]。此技术适用于拼接面积较大的碎片,保证两种粘结剂在拼接过程中不混合。拼接缝处使用我们曾经报告的环氧树脂腻子技术,快速完成配补、上

---

[1] 杨植震、余英丰、俞蕙、杨鹂、詹国柱:《湿度变化对环氧粘结剂固化影响的研究》,广西壮族自治区博物馆编:《广西博物馆文集(第五辑)》,广西人民出版社,2008年。

色和仿釉[1]，同时为作旧准备了条件。实践证明，针对釉陶器物，环氧腻子技术可以达到上述要求，可以起到快捷、方便和准确的效果。例如，象耳上有不少阴文细沟，可以在拼接缝上面涂一层薄薄的带色环氧腻子（见图版14.8），约5毫米宽，待粘结剂固化后，打磨平整。如果腻子带的颜色和器物还有差别，则使用松节油调和油画颜料，涂在色带上，使配补缝和周围融为一体。最后，在腻子带上，用手术刀刻出阴文，得到较好的作旧效果（见图版14.9）。其他象腿上的皮肤皱纹、毯子上面的回纹和祥云也都是使用环氧腻子完成修复的。毯子修复前后效果，见图版14.10、图版14.11。

5. 紫外吸收剂的应用

使用复旦大学开发的基本无色的1号紫外吸收剂[2]，从外面涂抹和覆盖全部环氧粘结剂使用的地方，防止后者很快泛黄。具体涂料的配方是：1号紫外吸收剂：190丙烯酸光油：丙酮=1：10：100。

三、结论

修复实践证明，本文使用的三项新技术具有较好的工艺可行性和良好的修复效果：

第一，正确采用环氧粘结剂和502胶混用，可以保证难以定位的拼接顺利完成。此项技术尤其适用于配补碎片拼接面积较大的情况。

第二，在修复古代釉陶时，环氧树脂腻子是一种强大的技术手段，它在同时完成配补、打底、上色、上釉的同时，为制作陶象皮肤

---

[1] 罗婧、杨植震：《汉代釉陶罐修复中的上色和开片制作》，广西博物馆编：《广西博物馆文集（第二辑）》，广西人民出版社，2005年。

[2] 俞蕙、杨植震：《用于古陶瓷修复的丙烯酸涂料的研究》，郭景坤主编：《'05古陶瓷科学技术国际讨论会论文集》，上海科学技术文献出版社，2005年。

的皱纹等作旧工艺准备了条件。可以达到快速、方便和准确的修复效果。

第三,1号紫外吸收剂全覆盖环氧粘结剂,可望明显延缓修复部分的变色,提高修复质量。

笔者注

本文发表于《文化遗产研究集刊6》,复旦大学出版社,2013年,第390—395页。作者余辉为复旦大学上海视觉艺术学院讲师,李冰为复旦大学上海视觉艺术学院讲师,李一凡为复旦大学文物与博物馆学系2009级本科生。

汉代釉陶罐修复中的
上色和开片制作

罗 婧 杨植震

一、前言

本次修复的器物为汉代釉陶罐,器物不仅大而且十分规整,通高50.5厘米、内口径17.6厘米、外口径19.5厘米。器物有精致复杂的兽面纹,釉层烧制十分美观,腹部以上具有一定的眩光。总之,无论从器物尺寸或工艺水平考虑,是复旦大学博物馆内同类藏品中较好的一个藏品。

我国汉代开始出现以铜为呈色剂的低温铅釉陶,汉墓中出土不少绿色的低温铅釉陶。汉代创烧的低温铅釉陶器的应用与推广,为我国后来各种不同颜色釉陶以及瓷器的出现与发展奠定了基础。这些都足以证明汉代的釉陶在我国的陶瓷史上有极其重要的地位。

该器物破损严重:一共破裂为大小不等共计31片,初步拼接后仍有多处裂缝。有碎片遗失,陶罐口沿处有严重的缺损(约有三分之二的部分已缺失)。器物腹部一兽面纹由于器物破裂而有残。器腹部以下釉层已经基本剥落。

笔者依次对该器进行了拼接、配补、加固等工序（见图版15.1），这些工序因与论题无关不在此赘述。由于复旦大学博物馆藏品要求器物达到展览修复的效果，必须进行上色、仿釉、开片处理。

二、上色工艺

上色是采用适合的作色材料使接缝处、配补处与原器物颜色基本一致。在修复中要注意颜料的色彩、遮盖力、着色力、粒度、比重、分散性能、耐光性、耐热性、耐酸碱性和耐溶剂性等，不然不仅无法达到满意的修复效果，甚至会对文物造成一定的危害。

古陶瓷的上色根据是否施釉而不同，若是施釉的话（如瓷器、釉陶等）就采用丙烯酸酯或环氧树脂配成的上色材料，若是器物无釉（或釉脱落）就采用丙烯酸颜料或聚醋酸乙烯乳液白胶水作为粘结剂上色。

上色的配方大部分和打底配方接近，只不过一般比较稀薄，用不着使用填料，即在配方中常有的组分只有三种物质：粘结剂、颜料和稀释剂。

上色的手法有多种，修复时必须根据器物表面色彩以及变化的情况，灵活运用，才能达到理想的上色以及仿釉效果。由于器物颜色变化多，有不均匀的渐变、局部有跳跃的变化，以及脱釉的现象所以我们采用了多种上色手法。

1. 刷涂法

刷涂法就是使用笔刷等工具蘸取色浆或涂料，在被配补表面涂敷着色的方法。这是一种传统而又最普遍的施工方法，简单、方便，不受地点环境的限制，也不需要较复杂的机器设备。器物的口沿和腹部为石膏配补以及一些拼接接缝釉层保存较好处都使用该法上色，下文将重点报道。由于器物上下两部分釉层附着情况相差较大，无眩光者所采用的是丙烯酸粘结剂,故分开描述。

(1) 釉层部分上色

上色的材料:粘结剂(AAA超能胶),各号羊毫毛笔为主兼用羊毫板刷或排笔,各种颜料以矿物性颜料为佳(见图1)。

图1 油画颜料和粉状颜料

油画颜料:马利牌油画颜料中绿、熟褐、黑。

粉状颜料:哈巴粉,汉砖灰,滑石粉。

上色颜料的调制是先将粘结剂调好,然后加入颜料,该器物腹部以上为绿釉,所以颜料的中绿为主,加些黑色。估计由于铁元素的影响,使得腹部局部以及腹部以下呈现咖啡色,再加上有的地方长久埋于地下泛银,以及泥土的痕迹,器物色彩更显多样化。

涂刷时,用毛笔、毛刷蘸取色浆或涂料需要根据情况掌握量。下笔要准稳,起笔要轻快,运笔中途可稍重。每笔涂得都要均匀,注意防止流挂。

用毛笔上色后均显得粗糙,加酒精后变软,再用手指将滑石粉均匀地涂于上色处,使其与周围较好衔接。还有由于器物的年代已久远,故新调的颜料没有旧感。在上色后可以加滑石粉,使其不是很光亮,若还是觉得新气太重(俗称火气大),就稍微加点汉砖灰增加旧气,而且环氧树脂有眩光正好符合釉面的要求;若眩光仍旧不够,可以后再作仿釉(上色前:见图版15.2;上色后:见图版15.3)。

上色的主要步骤如下:

a. 清理桌面,不可有杂物或灰尘。

b. 再准备几只毛笔,最好将需要数量毛笔置于专门的笔架上。

c. 调好环氧树脂粘结剂,将各种颜料置于调色板上,先调制一个色带,中绿为主然后逐渐加黑,加入适量熟褐或生赭,(增加棕色效果)和少量哈巴粉(铁红,增加红色的效果)。

d. 将调好的颜料在釉面完好的地方先进行涂抹,以求和实物颜色一致,再进行上色,注意进行涂抹的颜色要及时地用酒精擦掉。

e. 在器物拼接衔接处有细小裂缝,用手蘸滑石粉,从颜料层较高的地方向低处涂抹,使缝被颜料掩盖住。若觉得颜色不匀的话,往往用手指蘸滑石粉来回拉平,这样就可以使得接口消失。

应该指出,打底和上色在本操作中一次完成,省略了喷涂等上色工序。

(2) 釉层剥落部分上色

由于器物有严重的釉层剥落现象,剥釉的地方进行上色就不能使用环氧树脂作为粘结剂上色,所以我们就采用陶器上色方法。

上色的材料:马利牌丙烯酸颜料,土黄,汉代砖灰,滑石粉,熊猫牌聚醋酸乙烯酯乳液白胶水。

上色的主要步骤如下:

a. 准备好上色的工具。

b. 将丙烯画颜料用少量水调成一个色带。可用笔或手指涂抹。

c. 或者用白胶水和粉状颜料混合,再涂抹上去。

实验结果表明,丙烯乳剂干燥较快,操作简单快速(图版15.4可见釉层剥落处上色后的效果)。

2. 擦拭法

器物拼接缝数量大,接缝处经打底之后仍与器物颜色不协调需上色,若采用刷涂法会使得整个陶罐颜色比较呆板,故我们还采用了擦拭法。

擦拭法就是用棉球作工具,蘸取酒精稀释后的环氧树脂上色腻子(含颜料),擦涂器物裂缝处。此法需要上色材料较稀薄有一定的流动性,故要加酒精稀释。使用时手拿棉球蘸取料液,不宜蘸得过多,以保持适当的湿润度。具体擦拭时,可先在表面往复平涂几下,然后采用圈涂法,在器物表面上作圆圈状地移动揩擦,移动速度要均匀。

3. 蹾拍法

在器物的裂缝以及色彩跳跃处,我们还使用了蹾拍法,即用自制小拓包,蘸取稀释后的颜料往上色部位扑打蹾拍的上色方法,以求产生各种不规则的色斑或是色块。蹾拍的手与上色面呈上下垂直运动,不应横擦或平涂,其走向应从左到右,从上到下依次顺序进行。

4. 弹拨法

器物上色部位较多有较重的"新气",故运用弹拨法在上色的部位进行作旧。具体操作是:使用牙刷蘸取稀薄的色液,再在调色刀或细木棍上拨动刷毛,利用反弹的作用力,把色液弹成雾状小点并落于着色部位。弹拨法所用的色液要稀薄,粘度不宜大。

三、仿釉及开片制作

上色之后仿釉是陶瓷修复中有较多待研究问题的工序,也是整个器物的修复重要的步骤。实验中利用环氧粘结剂的眩光,造成一定的釉层感,若眩光不够可再加仿釉层。目前施釉的基体主要为:丙烯酸清漆(俗称光油),其分为190#光油和191#哑光油。在仿釉配方中，关键的材料是仿釉基料，实际上是一种粘结剂，仿釉固化后视觉上接近瓷釉，可以用于罩光。

对于仿釉材料的选择，大体有这样几个方面的要求。

1. 便于施工。在施工的时候不需要进行高温焙烧，不会造成器物的危害和污染。

2. 涂层固化后，要有较好的釉质感，最起码视觉效果上是这样的。

3. 涂层对修复部位来说，要有较好的附着力，不起皮，不脱落。

4. 有较好的被着色能力，能保持长期稳定，有较好地抗老化性能，不易变色与变质。

由于釉陶罐釉层不如瓷器那么亮，环氧树脂的眩光基本达到其要求，只是在口沿部分使用了191#哑光油。下面修复的重点落在了仿开片的工序上。

器物本身的开片是由于胎釉的热膨胀系数不同而造成的缺陷，但是到后来为人所掌握，例如著名的哥窑"金丝铁线"就是利用了这点。但是由于这是烧制时产生的，修复时再入窑烧制是不可能的，所以我们只好采用其他的方法将其效果表现出来，按照器物原本的纹路不同而使用手绘或是刻划等不同的方法。由于器物的开片小、密且有立体感，用手绘法不能达到满意的效果，故我们尝试了新的方法即为刻划法。

在使用手术刀刻划效果不理想之后，因为受力不同的原因，横的比较深而竖的比较浅。后来以圆规脚作为工具，效果比较令人满意。

开片要待环氧树脂没有完全干透的时候用手术刀划出不规则的细小裂缝，按照附近原有的走势刻，使整体效果看上去似开片，效果较能乱真。画开片可以先划出一条较长的趋势线，然后再划那些稍有平行的线，接着划不规则的细线，将其分成若干小块。

但是由于开片处是米色的,故划完开片后用滑石粉加适当的颜料涂抹于器物,则滑石粉嵌入裂缝中,最后涂稀释后的环氧树脂粘结剂或薄的亚光油,完成了划开片和上釉的工序。刻划开片其实工艺难度不是很高,但是却十分费时,进度很慢,定要耐心才行,若是急切求成的话反而会事倍功半(开片的效果见图版15.5,细部见图版15.6)。经过各修复工序之后,该汉代釉陶罐已经达到了展览修复的水平。

最后,感谢邓廷毅老师和俞蕙老师的指导与帮助。

参考文献

1. 冯先铭:《中国陶瓷》,上海古籍出版社,2001年。
2. 毛晓沪编著:《古陶瓷修复》,文物出版社,1993年。
3. 程庸、蒋道银编:《古瓷艺术鉴赏与修复》,上海科技教育出版社,2001年。
4. 中国文物学会文物修复专业委员会编:《文物修复研究》,民族出版社,2003年。
5. Lesley Acton & Paul McAuley, *Repairing Pottery & Porcelain: A Practical Guide*, Second Edition, The Lyons Press, 2003.

笔者注

1. 本文刊登于广西博物馆编:《广西博物馆文集(第二辑)》,广西人民出版社,2005年,第198—200页。
2. 本文首次刊发时,因故略去了7幅图片,这次发表将相关图片补全。

浙江竹柄陶豆的修复及沙堆放样法的应用

杨植震 俞蕙

序言

古陶瓷器的修复不是一项简单的工作,为了满足学者或观众对器物的研究和欣赏,修复人员必须在实现文物保护的同时,最小限度地扰乱文物所含的各种信息,复原器物的外貌。但是面临功能、造型、色彩及保存状态多种多样的古陶瓷器,单一的方法已经无法满足所有器物的需求,修复工作势必走多样化的道路,以适应各种器物自身的个性,所以这个领域的探索除了修复材料(包括粘结剂、打样材料和配补材料)的研究之外,新的工艺技术的实践也同样受到重视,如同相关人士所认为的那样:虽然某些材料及使用步骤已成功地用了几年,但应用技术仍在继续研究和改进[1]。采用何种工艺或技术进行修复尚是诸多考虑中的一个重要方面。

此次受安吉博物馆的委托,对其馆所藏的若干严重损坏的浙江

---

[1] 玛亚·埃而斯顿:《古代瓷器与陶器的保护技术及美学思考》,《博物馆研究》,1993年第4期,第69页。

竹柄陶豆进行修复，其中成功地使用了具有特点的新配补法——沙堆放样法。下面笔者对此次修复的器物和相关的工艺技术问题进行讨论。

一、器物的价值和破损的情况

这批陶豆1996年出土于浙江安吉的安乐遗址，皆为泥制黑衣陶，上部豆盘为浅盆形，盘口呈直口或敛口，喇叭形高圈足，有高把、矮把两种豆柄，皆为仿竹节柄，纹饰以弦纹和弧边三角形组成镂空为主，具有崧泽文化的典型特征，因此判断它们为五千年前的崧泽文化的遗物[1]。

此批陶豆的竹节柄长短不一（长的有9.5 cm，短的有2 cm），柄上纹饰也不尽相同，但是这些多种多样的竹节造型却生动地表明：如今全国闻名的竹乡——安吉，早在五千多年前就有竹子的出现，从仿制竹节柄上反映出成熟的竹节造型能力来看，不难推断在当时竹子为古人所重视的程度。因此这批陶豆非常适合在安吉新建的竹子博物馆中展出，烘托当地悠久的竹文化历史。

修复前陶豆：总体上看，这批陶豆制作得并不十分规整，陶盘与底座的口径非正圆形，口沿高低不平，不在同一水平面上。压入豆柄上的弧边三角形坑大大增强了柄的密度，因而柄都保存得较为完好。这批陶豆在出土时，曾经过初步的拼接。这里着重介绍其中典型的1#陶豆（见图版16.1），它大致可代表这批陶豆的残缺程度与保存状态：1#陶豆由24块碎片拼成，曾使用热熔胶为粘结剂，有错口、移位、脱胶等现象，剩有4块残片并有4处缺失。底座由若干碎片拼成，尚缺2/5的部分需要配补。陶豆的黑色磨光陶衣剥落严重，露出灰色陶

---

[1] 张之恒：《中国考古学通论》，南京大学出版社，1999年，第160—161页。

胎,陶片的强度差。这些损坏除了与陶豆本身的材质、制作工艺有关外,还因为长期埋于地下,受地层挤压而造成破裂。

这批器物的碎片较多,除豆柄保存完整外,豆盘、底座都有或多或少的缺失,有的陶豆几乎缺失全部的陶盆或底座,很难使用传统的齿科打样膏放样。陶豆不但使用过不合适的粘结剂,而且陶片的岔口不清晰,导致陶片之间留下空隙,很难密合,因而造成1#陶豆拼接的错口、移位现象。以上所述的这些"病症"都必须事先考虑进修复方案中去,选择适当的材料与工艺对症下药。

二、主要修复材料

1. 粘结剂

(1) 环氧树脂

环氧树脂具有粘结力强,固化后收缩率小,耐化学药品和电绝缘性的特点。缺点是环氧树脂不具可逆性,一旦固化后,难以分开重新拼接。环氧树脂+滑石粉制成可塑形的"环氧腻子",充当优良的配补材料。环氧树脂加入填充材料不仅粘度增大,也可使其热膨胀系数与陶类靠近,同时降低了成本。

(2) PVB 粘结剂

PVB 粘结剂是一种快速粘结剂,预拼时即可使用。其最大的优点就是具有可逆性,当发生拼接错误后,可用电吹风加热,使固化后的 PVB 粘结剂软化失效[1]。

2. 配补材料

(1) 石膏

(2) "环氧腻子"(环氧树脂+滑石粉)

---

[1] 杨植震:《聚乙烯醇缩丁醛——古陶瓷修复中的快速粘结剂》,郭景坤主编:《'99古陶瓷科学技术国际讨论会论文集4》,上海科学技术文献出版社,1999年,第586页。

三、修复步骤

根据考古修复的要求，陶瓷器修复的一般程序为：清洗-加固-拼对-粘结-配补-修整，但是如遇到特殊对象或环境，应相应采取更加灵活的方法处理，此次修复的竹节柄陶豆就比较特殊，具体操作如下。

1. 清洗

陶豆在送交修复之前已经完成清除器物表面的污泥浊土的工作，故可以省略此步骤。但必须意识到陶片质地疏松，遇水易断裂粉化，如若陶豆在修复中需要清洁，可用棉花蘸酒精擦拭清除污物。

陶豆出土时使用了热熔胶拼接，而且热熔胶大量粘在器表留下难看的污渍，破坏外观的视觉效果，可用手术刀轻轻地刮除。

2. 拼接

原先陶豆拼接得并不理想，破坏了器物准确的造型，因而不得不分离一些明显错位的陶片。但所幸原先充当粘结剂的热熔胶是具可逆性的材料，一般用刀或锯条就可以剥离而不损伤器物。

3. 加固

除了错位的陶片，大部分用热熔胶拼接的陶片并未分离，为了加大彼此的拉力，可将环氧树脂加入滑石粉制成的"环氧腻子"直接填入陶片之间的接缝，或者填入陶片拼接后形成的三角形空隙，注意填入的部分必须低于器表，这不仅有助于增加拼接陶片之间粘结的牢度，而且可以充当"骨架"的作用，在其上浇注的石膏固化后不易脱落。此外，陶豆的酥软陶质很不利于修复操作乃至日后长期的保存，所以在陶豆上刷上酒精与环氧树脂的混合液体（比例约为1∶1），环氧分子会随酒精渗入陶片，起到加固的作用。

4. 配补

拼接后的陶瓷器有所缺失的情况比较多,需进一步采用适合的材料进行配补,完整呈现文物的本来形貌。常用的配补材料以石膏、环氧树脂"环氧腻子"(对小面积的配补)为主,视具体情况而定,两种材料也可以结合使用,根据缺损部分的差异,配补采用的方法也很多,在本实验中主要以石膏为材料,运用沙堆放样法对大面积的缺失部分实行了配补。具体操作如下。

(1) 测量与绘图

为了复原陶豆的形貌,需根据盘口或盘底残片绘制出它的口径或底径。目前使用的方法有两种(见图1)。

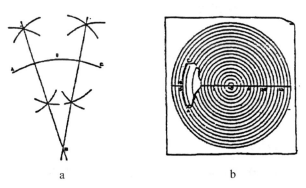

图1 陶器口、底残片复原图画法
(a. 作图法求圆心 b. 同心圆纸)

第一种是用作图的方法求出一段圆弧的圆心。在圆弧上任取两段弧,分别作出这两段弧内弦的垂直平分线,两条垂直平分线的交点就是圆心。

第二种是自制一张"同心圆纸",从四五厘米至四五十厘米为半径画很多同心圆并注好圆径,使用时将器口(或底)径残片置同心圆上看它与哪个圆吻合,该圆直径即残片口(或底)的直径。然后以坐标法绘出残片器型轮廓，按求得的直径绘成对称图形即可作出该器口（或底）的复原[1]。

（2）沙堆放样

将湿润的细沙（也可用粘土）堆在绘有陶豆口径或底径的白纸上，堆实拍紧后，把陶豆的陶盆或底盘扣在沙堆上，使器口（或底）与纸上的口径（或底）接触吻合，依绘制的圆线将陶豆原有部分转到缺失的部分，使受挤压后的沙堆形成器物完整的内部造型，尤其注意翻制出器口（或底）的特殊造型。扫清器口（或底）周围多余的细沙，缺失部分的边缘要露出铅笔绘制的线条，如此沙模便完成了。制作沙模所用的沙越细越好，因为加水并夯实的细沙可以更为精确地翻模出器物内部的造型细节，相当于制成器物的内范。

在实际的操作中，考虑到有的陶豆的陶盆与其他部分相连的很少，在重心不稳的情况下，陶豆长时间倒置在沙堆上，不但操作起来不方便，而且也有随时倾倒的危险，所以使用实验室中常见的铁架台固定陶豆（见图版16.2）。

（3）浇注石膏

在医用橡皮碗中放置适量生石膏，加清水淹没石膏，然后用钢勺进行搅拌。也可"先把水倒入橡皮碗，再往里面倾倒石膏，直至与水面平。用棍棒搅拌赶走气泡，以免凝固后表面有凹坑"[2]，随后将调配好的石膏较为迅速地从沙模的上部开始浇注，使石膏液自上而下地流动，完全覆盖露出沙模的部分。在配补面积较大的情况时，为便于及时地浇注出一整块大面积石膏，必须至少准备两个大号医用橡皮

---

[1] 中国社会科学院考古研究所编：《考古工作手册》，文物出版社，1982年，第189—290页。

[2] 李季译、日本文化厅文物保护部编著：《地下文物发掘调查手册》，文物出版社，1989年，第178页。

碗,依次浇注。最后在石膏尚能流动时候,用小勺舀取液体补入成形石膏中的小缝隙及石膏与器物结合处的细小缝隙,令石膏补满全部缺失部分。在此步骤中,掌握好浇注时间是关键。如果石膏浇得早,水分过多,流动过快的石膏液常会在沙模外固化为较薄的石膏层,达不到所需的厚度。相反,如果浇注得过晚,流动性不大的石膏又会粘在沙模上,不会自行流下覆盖沙模,此时再强行用工具敷上石膏,只会导致石膏与沙粒相混,破坏沙模的准确造型。

(4) 修整打磨

石膏开始凝固后,虽不具流动性,但利用工具仍可塑性,便于进行初步的修整:使用手术刀依照器表的弧度削去多余的部分,或将石膏填补在不足之处。运刀时适当按压石膏,将石膏表面修整得圆润、光滑,同时除去石膏中的空气,使其凝固后质地紧密。

陶豆需要大面积配补,沙模中的水分不利于其干燥,所以在石膏固化到一定程度时。如果强度允许,可以取出沙模,继续阴干。当器物与其下的纸分离后,与纸相贴石膏边沿上往往留下所绘圆周线的铅笔印,可以此为依据进一步刮削多余的石膏,如果是较小的器物,则可采用水砂纸在水中直接打磨。

应用沙堆放样,配补石膏的内部常常粘上沙粒,剔除沙粒后造成表面凹凸不平,调制少量石膏补平小坑,也可选择在略微湿润石膏后,直接拍上石膏粉填平。总之,这类修整打磨的操作在石膏固化期间或者完全固化后都可以进行,只不过在石膏完全固化后进行打磨比较费力。

配补的石膏与原器物的接口之间并没有足够的粘结力,修整时往往会自动脱落,尤其在水中打磨时最好一手托住石膏,另一手打磨。通常把配补部分取下后,在接口上抹一层粘结剂,再将其重新拼接粘牢(修复后的陶豆见图版16.3)。

四、结果与讨论

1. 沙堆放样的使用范围

此次竹柄陶豆的修复中，运用沙堆放样法实现了石膏的大面积的配补，还尝试性地对器物局部进行了多次成功的复制，以证明此项工艺简便实用，具有较好的操作性。

总的来看，陶瓷器修复中常用的配补方法有两类：第一类是直接填充法。通常用于面积不大且无花纹装饰的空缺、空隙、凹缺部分，可以直接填入环氧树脂"腻子"或用毛巾、橡皮胶托住缺口的外部，然后从内部浇注石膏并将表面修理平整。如果器物是小口腹大，无法在内部浇注石膏，如韩瓶和皮囊壶。可以采用由口部往器内灌沙子的方法，沙面要与缺失部分的内壁相平，而后浇石膏。待石膏固化后，再把沙子由器口倒出[1]。

第二类是打样膏打样法、油泥模补法、塑性蜡模法等，它们都是针对更大面积的缺失，经过打样实现配补。这些方法与沙堆放样法在采取范模翻制的原理上有相类似之处，都是利用特殊材料的可塑性（如齿科打样膏或沙堆），以器物的完好部分为依据，制作型范翻制的方法进行配补。

第二类中打样膏打样法因其诸多的优越的特性而被广泛应用，但是它有自身的局限性，并不适合此批陶豆的配补，原因有两点：

（1）这批陶豆外部看似无恙，但实则陶质疏松。如果使用打样膏，在打样过程中，为了获取准确、适度的造型，要将软化的打样膏紧贴在器壁上，不可避免地按压器物，这种程度的外力可能是器物质地难以承受的。此外，打样膏易粘住器表，在脱模过程中会造成

---

[1] 毛晓沪：《古陶瓷修复》，文物出版社，1993年，第81页。

陶衣脱落。

（2）陶豆的器型比较大，以1#陶豆为例，其陶盆直径达20 cm，盘底直径为14 cm，通长为17 cm。陶盆、底盘都有缺失。其他陶豆大面积的缺失也不在少数，使用打样膏无法一次完成放样与石膏浇注，如果选择重复打样，重复浇注，不仅操作费时费力，而且重复操作中配补部分的误差在所难免，很难把握器物的准确造型。

沙堆放样法正好适应这批陶豆的特点，弥补了常用配补打样法的缺陷。古陶瓷器，尤其是陶器是考古发掘中常见的大量出土的文化遗存物，经过多年的水土侵蚀，它们大多残损或零碎不堪，面目全非。此批陶豆正属于这类保存状况不佳、多处缺损、缺失面积较大的古陶瓷器。沙堆放样法针对它们的特点，避免在修复中对脆弱器物造成的破坏并且高效率地实现大面积的石膏配补，保证器物缺失部分的真实再现，达到较好的考古修复要求。

但是必须指出的是沙堆放样法的缺点是难以复制器物精细的纹饰，面临这种情况可采用其他的有效配补方法辅助进行操作。

2. 石膏的选用

在修复陶豆的过程中，我们逐步发现石膏的选择对于实现成功的配补起到至关重要的作用，尤其是在沙堆放样法中，使用的石膏必须有较好的品质。

现在市场上的石膏粉的品牌较多，但品质良莠不齐。此前选用过多种石膏，其色泽往往不够洁白，掺有较多的杂质，浇注时凝固时间长，凝固后强度不强，加之陶器在操作中易吸收水分更不利于石膏的固化，所以在大范围的配补中，浇注的大面积的石膏多次出现断裂的现象。故在运用沙堆放样法配补较大面积的缺失时，应选择颜色洁白、纯净度高、凝结后硬度强的高品质石膏粉。

实践表明，高品质石膏的特点是：第一，石膏的调制与浇注的技术要求不高，不会因水量控制不好而影响石膏的固化效果。相反调制适宜浓度的石膏液，可游刃有余地掌控浇注时间。而一般普通石膏，加水过量往往就造成石膏难以固化成型，或者固化后强度不高，发生断裂。第二，优质石膏固化时间比较短，有利于加快修补进程。第三，石膏质地细腻，便于在固化期间和完全固化后修整打磨外部造型。

笔者注

1. 本文发表于郭景坤主编《'02古陶瓷科学技术国际讨论会文集5》，上海科学技术文献出版社，2002年，第558—564页。
2. 关于文中使用环氧粘结剂拼接陶片工艺的说明：

    从现代的观念出发，使用环氧粘结剂拼接陶片工艺不符合可逆性原则，基本上应该需要废去。应该使用丙烯酸树脂粘结剂（如Paraloid B-72等）取代环氧粘结剂。从历史的观点看，在1999年以前国内并没有使用丙烯酸树脂粘结剂的条件。原因是：此类粘结剂在中国市场上当时买不到；关于具体使用丙烯酸树脂粘结剂的工艺在国内是2005年张瑞琴等人的论文才有报道（张瑞琴等：《古陶瓷的残缺补全》，马里奥·米凯利、詹长法主编：《文物保护与修复的问题》第1卷，科学出版社，2005年，第34页），故在2000年前后论文中，报道使用环氧粘结剂拼接陶片难以避免。本文以及当时一些文章中均报道了使用环氧粘结剂拼接陶片工艺，这已经成为历史。如果今后制定修复规范时，笔者建议在一般情况下可以明确规定不宜使用环氧树脂粘结剂拼接陶片。

第三章

专题评论篇

现代分析方法在古陶瓷修复中的应用

杨植震　俞蕙

前言

长期以来,由于历史原因,多数古陶瓷修复用的材料和工艺仅根据修复人员目测、手感等经验来确定,具有较大的盲目性。不同的修复单位选用的修复工艺相差很大,其中有的明显不合理,影响修复质量,甚至导致修复失败。例如,一些文物单位使用粘结剂的工艺条件不合理,影响粘结强度和施工安全;又如修复中经常使用的"金粉"、哈巴粉等材料的组分不清,群青颜料中的硫离子含量不清,均影响到这些颜料的合理使用。再如,我实验室研究工作中发现,当前修复中使用的丙烯酸仿釉材料过滤紫外线的能力有限,对延长修复周期十分不利。同样,对于修复效果已经达到"天衣无缝"的古陶瓷器缺少实用的检测方法。

为解决以上诸多问题,确定古陶瓷修复材料和工艺的适用性,须依靠各种现代测试分析方法提供定性、定量的数据,使古陶瓷修复的研究整体上一个台阶。在大部分课题中,现代分析方法在古陶瓷修复中的应用在国内外尚处于起始阶段,由于修复所用材料品种庞杂,如粘结剂、填料、打样材料、颜料、仿釉材料、作旧材料及其他相关配料，涉及的现代分析仪器众多，如化学成分和结构分析、红外光谱测试、高分子材料拉伸测试、玻璃化温度测试、紫外吸收光谱、CCD显微图像测试、测量清洗液的电导等，加之新的修复材料和新的分析方法不断出现，在一篇文章中难以对所有现代分析方法在古陶瓷修复中的应用作全面的评述。因此，我们仅就粘结剂工艺条件的选择、颜料的筛选、仿釉材料研究、器物完整性检测四个进展较大的方面作简要回顾、评述及展望今后研究。

一、粘结剂工艺条件的选择

利用现代分析方法开展古陶瓷修复用粘结剂的研究主要包括两个方面：一是对粘结剂的确认和剖析；二是影响粘结剂固化效果的环境因素。

1. 粘结剂的确认与剖析

为确认粘结剂的安全性、有效性，往往采用红外吸收光谱（IR）剖析其结构、确认其性质。1999年杨植震使用红外吸收光谱法，测量快速粘结剂——聚乙烯醇缩丁醛的IR图谱（见图1）[1]，确认了使用材料的结构。图谱中羟基特征峰明显存在，说明粘结剂的交联不完全。

同样，可采用红外吸收光谱剖析其他修复材料。例如，我们实验室曾用红外光谱仪测量一种从英国进口的打样膏（见图2）。通过与标准图谱的对比，可以确认打样膏的主要成分是蜂蜡（Beeswax）。修复实践证明：此打样膏在复制精细纹饰时，效果优于许多国产的齿科打样膏。

---

[1] 杨植震：《聚乙烯醇缩丁醛——古陶瓷修复的快速粘结剂》，郭景坤主编：《'99古陶瓷科学技术国际讨论会论文集4》，上海科学技术文献出版社，1999年，第586—589页。

古陶瓷修复研究

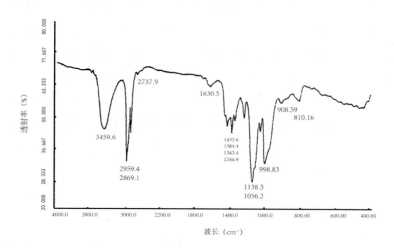

图1 聚乙烯醇缩丁醛的红外吸收光谱

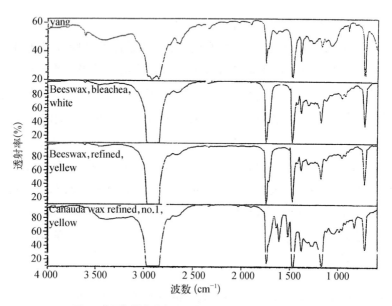

图2 英国打样膏的红外吸收光谱与3种标准图谱对比

2. 影响粘结剂固化的环境因素

研究主要集中在环氧树脂粘结剂固化与其施工环境之间的关系,采用环境控制设备和静力材料实验机,研究温度等固化环境条件对于环氧树脂粘结剂的拉力和伸长率的影响。

1996年Newton R.G.等对温度如何影响多种环氧粘结剂(平均分子量330～470)的固化率进行研究,得出结论:在40～60℃范围内,升温有利于提高固化率。并同时指出:过高的室温会减少粘结剂的适用期(Pot-Life)以及在冷却时引起危险的热收缩[1]。2006年Karayannidou E.G.等研究玻璃器和陶瓷器修复用的Aradite 2020和胺类固化剂后发现:在22～70℃范围内,高温会导致较高的固化率[2]。同年,Frigione M.E.等针对古建筑修复,研究环氧树脂粘结剂的固化环境的影响[3],发现加温可提高粘结剂的强度。

但是,针对中国古陶瓷修复界普遍使用的AAA超能胶,目前尚未报道过相关的研究结论,说明这方面还有待进一步研究。

二、颜料筛选

古陶瓷修复中使用的颜料主要用于模拟古陶瓷的颜色,颜料与仿釉介质结合形成仿釉色层,起到修饰器物的作用。由于颜料的稳定性是决定仿釉层颜色是否持久的一大因素,因此利用科学仪器对颜料的组分和结构进行分析,对文物的保护和修复而言,是相当

---

[1] R.G. Newton, Davison & Sandra, *Conservation of Glass*, Oxford: Butterworth-Heinemann, 1996, pp.379−409.

[2] E. G. Karayannidou, D. S. Achilias & I. D. Sideridou, "Cure Kinetics of Epoxy-amine Resins Used in the Restoration of Works of Art from Glass or Ceramic", *European Polymer Journal,* 42, no.12(2006), pp.3311−3323.

[3] M. E. Frigione, M. Lettieri, & A. M. Mecchi, "Environmental Effects on Epoxy Adhesives Employed for Restoration of Historic Buildings", *Journal of Materials in Civil Engineering*, 18, no.5(2006), pp.715−722.

重要的。

很多颜料的显色成分是无机化合物,所以颜料的化学组分通常可以利用X射线荧光光谱分析法(XRF)、X射线衍射分析法(XRD)测得,某些特殊情况下(如样品量少,样品尺寸大等)还可采用质子激发X荧光光谱分析(PIXE)。虽然有研究者曾用XRF分析中国汉代绿釉陶的釉层,确认其显色元素是铅[1],但是专门针对古陶瓷修复用颜料开展测试分析和筛选,2006年以前尚未见到报道。以下简要评述笔者实验室开展的颜料分析的三项工作。

1. 仿金颜料的XRF分析[2]

2006年杨植震对于日本产"樱花"牌和某沪售国产的仿金粉进行了XRF分析,得出两个品牌的仿金粉的显色元素都是铜。使用这些颜料修复的器物都应该防止过度的日光照射。文章同时报道一种施用"金粉"的工艺以及采用该工艺取得修复"金边"器物的良好效果。

2. 铁红哈巴粉的化学分析和应用[3]

哈巴粉是建筑业中大量使用的一种红色颜料,其颜色较铁红和纯氧化铁灰暗,和某些紫砂、红陶的颜色非常接近。笔者实验室曾多次成功使用哈巴粉修复古陶瓷和木器文物。为获取哈巴粉的主要化学组分数据,采用S4Explorer和RIX3000两种X射线荧光光谱分析仪分析颜料成分,测得哈巴粉的显色元素是铁,再经过XRD测

---

[1] S. Buys & V. Oakley, *Conservation and Restoration of Ceramics*, Oxford: Butterworth Heinemann, 1999, pp.50—51.

[2] 杨植震:《仿金颜料在古陶瓷修复中的应用》,广西博物馆编:《广西博物馆文集(第二辑)》,广西人民出版社,2006年,第306—307页。

[3] 杨植震、俞蕙、姜楠、陈刚:《铁红哈巴粉的化学分析和在古陶瓷修复中的应用》,中国文物保护技术协会、故宫博物院文保科技部编:《中国文物保护技术协会第五次学术年会论文集》,科学出版社,2008年。

定显色化学物质为氧化铁(Fe_2O_3)。最后，对哈巴粉进行紫外线加速老化，并用色度计测量其老化过程中的色度变化，确认哈巴粉是一种耐光性较好的颜料。值得强调的是，S4Explorer仪器使用硼酸作为填料，取样量只要求0.5克，虽然灵敏度有所降低，仍可以满足一般颜料分析要求。

3. 群青颜料的研究

1999年S.Buys和V.Oakley指出要重视群青颜料中含有的微量元素硫，硫与一些金属颜料混用时造成群青颜料发黑[1]。笔者实验室对于市售的三种群青颜料（河南产样品、法国产样品、上海产样品），在同样条件下进行了PIXE分析，其分析结果如下（见图3、图4、图5）：

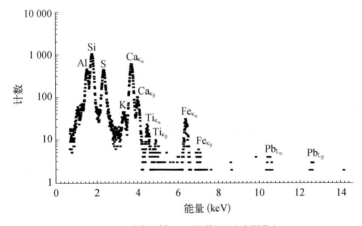

图3　群青颜料PIXE图谱（河南产样品）

---

[1] S. Buys & V. Oakley, *Conservation and Restoration of Ceramics*, Oxford: Butterworth Heinemann, 1999, pp.202−203.

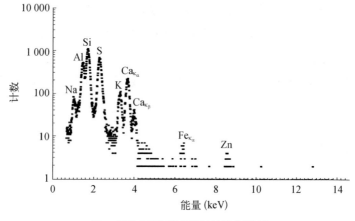

图 4　群青颜料 PIXE 图谱（法国产样品）

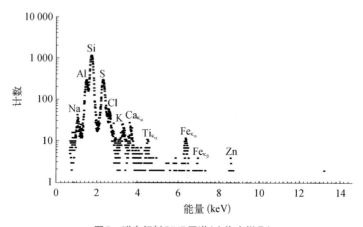

图 5　群青颜料 PIXE 图谱（上海产样品）

从图 3、图 4、图 5 的数据可知，这三个群青样品中均含有硫，使用时要尽可能避免与一些金属颜料混用。就硫和其他元素含量的比值看，上海某厂的群青样品中硫的含量低于法国和河南某厂的样品，但这些样品在古陶瓷修复中的实际使用效果，仍需进一步的研究。

总之，对于选用的颜料需要考虑如下五个因素：颜料的化学组分、颜料的化学结构、颜料的耐光和耐化学性、颜料在修复过程中的施工可行性、颜料和修复中其他材料的相互作用。

三、仿釉材料的研究

古陶瓷修复中的仿釉材料是为了修饰修复痕迹，模拟瓷器釉层质感和光泽的特殊材料。仿釉材料研究中较突出的问题有两个：一是提高仿釉层的硬度，这涉及摩氏硬度计等较简单的检测手段，和本文讨论的现代分析无关；二是提高仿釉层的紫外吸收能力，用于保护其下的环氧树脂免于紫外照射而发生变黄。

1986年J.L. Down使用紫外灯加速老化的方法，对于市售的一百多种环氧树脂进行筛选，发现大部分产品抗变黄稳定性都不合格[1]，且发黄不止发生在表面，而且发生在环氧块的体内。国内使用的AAA超能胶等市售的环氧树脂也普遍存在易变黄的情况。

于是，2005年俞蕙、杨植震试图利用改良的丙烯酸仿釉涂层来隔离紫外线，以保护其下层的环氧树脂层免于受光变黄，他们采用紫外吸收光谱仪测试，结果表明：在古陶瓷修复中常用的190#丙烯酸光油，并不吸收室内日光灯特征的波长为365纳米的紫外线（见图6），但是添加了1#紫外吸收剂的190#丙烯酸光油对于这个波长的紫外线有较好的吸收性能。此外，利用紫外线加速老化配合测量样品白度的方式，也验证了1#紫外吸收剂的确在延缓环氧粘结剂变黄上有明显的效果（见图7）[2]。

---

[1] J. L. Down, "The Yellowing of Epoxy Resin Adhesives", *Studies in Conservation*, 1986, 31, pp.159–170.

[2] 俞蕙、杨植震：《古陶瓷修复用丙烯酸仿釉涂料的研究》，郭景坤主编：《'05古陶瓷科学技术国际讨论会论文集6》，上海科学技术文献出版社，2005年，第543—551页。

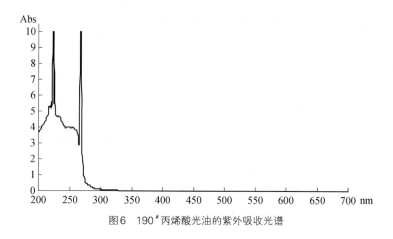

图6　190#丙烯酸光油的紫外吸收光谱

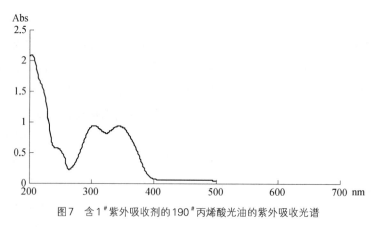

图7　含1#紫外吸收剂的190#丙烯酸光油的紫外吸收光谱

四、器物完整性检测

器物的完整性（integrity or completeness）评估包括确定器物是否经过修复，以及修复的范围面积等，不仅是文物修复工作的基础，也是采购和借还器物时必需的检查或鉴定工作。众所周知，器物稍有破损瑕疵，其市场价格就会大幅度降低，随着修复技术的发展和陶瓷器文物的价格上扬,文物市场上出现越来越多的修复过的古陶瓷器物,许多人误将这些修复过的器物当成完整器高价购进。因此,利用现代分析测试手段鉴定古陶瓷器的完整性,并且利用仪器对器物的客观信息加以记录,是非常具有实用价值的。

使用放大镜观测器物的表面可以检测其完整性,这当然是简单可行的方法。但放大镜的观测结果不能直接记录,并不属于一般理解中的现代分析范畴。我们论述仅限于使用较大规模的仪器检查器物的完整性,下面就几种新兴的检测记录仪器的使用分别作如下介绍:

1. X光射线照相

X射线是一种穿透力很强的高能射线,一般由处于高电压下的X光管(X光发生器)提供,若将器物置于X射线束中,让透过器物的X射线打到X光感光底片上,可测出器物内部空洞与缝隙或者曾经的修复痕迹。比较不同器物的底片黑度,还可以判断器物的相对密度。特别是借助于体积较小的X光发生器,使之置于器物内部,进行三维照相,其测试结果更加有利于修复和研究。2005年 J.Lane, A. Middleton利用X光照相技术检测古陶瓷器,不但能确定陶瓷器的胎体的结构特点,而且可获得陶瓷器加工制作技术方面的许多信息[1]。

2. 激光全息照相[2]

激光全息照相,比较一般光源,激光具有亮度大、单色性好和方向性好的优点。20世纪50年代以来,人们很快就利用激光创造了全息照相。全息照相和普通照相不同之处在于:普通照相只记录物体

---

[1] Janet Lang & Andrew Middleton, *Radiography of Cultural Material*, Butterworth-Heinemann, Second Edition, 2005, pp.76—95.

[2] 金国樵、潘贤家、孙仲田:《物理考古学》,上海科学技术出版社,1989年,第99—102页。

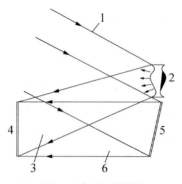

图8　全息照相的摄制
（1. 激光束；2. 物体；3. 物体反射光束；4. 感光片；5. 反射镜；6. 反射光束）

反射光的强度图像，全息照相则使用主光束（直接射到物体上）和参考光束（直接射到底片上），形成复杂的干涉条纹，其中包含光强度和相位的信息。

3. CCD显像观测系统（三维反射式数字显微镜）

CCD系统电荷耦合器件（Charge Coupled Device，简称CCD）是20世纪70年代初由美国贝尔实验室的W.S.Boyle和G.E.Smith等人研制成的一种新型半导体器件，其突出的特点是以电荷作为信号，即利用电荷量代表信息，而其他器件皆以电压或电流作为信号。CCD显像设备可观测古陶瓷器、纸质文物等藏品的微观结构并且记录下观测到的图像，是一种非常有效方便的仪器。

4. 紫外荧光灯显像及摄影

众所周知，紫外灯的发射光谱和可见光的发射光谱不同，故在可见光照射下看不到的图像在紫外灯照射下就可能观察到。1971年H.J. Plenderlieth, E. A. Werner[1]报告：用肉眼看不清的达·芬奇的一

---

[1] H. J. Plenderlieth & E. A. Werner, *The Conservation of Antiquities and Works of Art Treatment, Repair and Restoration*, 2nd Ed., Oxford University Press, 1971, p.43.

幅画在紫外灯下清晰显示出手的图像。1999年S. Buys, V. Oakley[1]也报道了利用紫外荧光灯对古陶瓷器进行观测和检查。

五、结语

在筛选古陶瓷修复的材料和工艺过程中,现代分析方法已经取得明显进展,很多情况下起到了不可取代的作用,这些研究进展显然对于修复其他类型的文物具有参考价值,预计今后这方面将会取得更加巨大的成果。

笔者注

本文发表于罗宏杰、郑欣淼等主编:《'09古陶瓷科学技术国际讨论会论文集7》,上海科学技术文献出版社,2009年,第790—796页。

---

[1] S. Buys & V.Oakley, *Conservation and Restoration of Ceramics*, Oxford: Butterworth Heinemann, 1999, pp.44-45.

论古陶瓷修复中上色颜料的选用

俞 蕙

在古陶瓷修复中,需将颜料与粘合剂(介质)、溶剂等调配成适当的涂料用于上色。其中,颜料是指有色的细颗粒粉状固体物质,可分散在媒介中,当溶剂挥发后,即留下含有粘结剂和颜料的涂层。颜料的选用对于修复效果非常重要,一是因为颜料起到着色的关键作用,另一方面因为颜料的耐光性和化学稳定性对色层的持久度有着很大的影响,如果选择不当,会导致修复部分的变色。

一、颜料的耐光性

颜料的耐光性是指其暴露在光照中时(特别是紫外线光)抵抗变化的能力[1]。颜料按化学成分可分为无机颜料与有机颜料两大类:无机颜料主要包括炭黑及铁、钡、锌、镉、铅和钛等金属的氧化物和盐,是以天然矿物或无机化合物制成的颜料。无机颜料的使用与生产历史悠久,目前的产量占世界颜料总产量的96%。有机颜料指含有发色团和助色团的有机化合物,其生产历史虽只有一百多年,但色

---

[1] 雷·史密斯编著:《美术家手册》,中国纺织出版社,2000年,第12页。

泽鲜艳,着色力高,色谱齐全。不过,多数有机颜料的耐候、耐光、耐热性远不及无机颜料强,在光辐射作用下,其分子因光照化学反应导致结构变化,很容易发生褪色现象[1]。

有研究者将常用颜料依次分为极持久的颜色、耐久的颜色、一般耐久的颜色、易褪的颜色四种,其中极持久的颜色都是无机颜料,而属于易褪的颜色都是有机颜料,包括天然或合成的。因此,为保证颜料层的色泽,避免修复部分的变色,应尽可能选择无机颜料[2]。

二、颜料变色原因的讨论

颜料与大气中的水或污染物、与其他种类的颜料以及颜料介质在光照等条件下,都可能发生化学反应而导致变色,所以在选择颜料时需要回避。

1. 颜料与大气环境中的物质之间的化学反应

如果形成的颜料膜比较薄,颜料没有被较厚的介质锁住,表层的颜料就很容易同水、氧气、二氧化碳或者污染气体发生反应,光照还会加速其中一些颜料的变质反应。比如铅丹(Pb_3O_4)在光辐射和高湿度环境下变成棕黑色的二氧化铅。其他常见的颜料变质还包括:含铅颜料与硫化氢;群青、铜绿(碱式碳酸铜)、石灰白(碳酸钙)、锌白与二氧化硫等酸性气体;普鲁士蓝与碱物质也很易发生化学反应[3]。

2. 颜料与颜料之间的化学反应[4]

含有硫化合物的颜料(群青、朱镖、朱红、镉红),与含铅(铅白、铬黄、铬红、铅铬绿)、含铁(土黄、土红、褐赭等氧化铁颜色)、含铜的

---

[1] 郭宏编著:《文物保存环境概论》,科学出版社,2001年,第104页。
[2] Garry Thomson, *The Museum Environment*, 2nd Edition, Butterworths, 1986, p.11.
[3] 同上书,p.12.
[4] 姚尔畅:《绘画颜料与色彩指南》,上海人民美术出版社,2004年,第35页。

颜料系列调配，会生成硫化铅、硫化铁或硫化铜，日久后会使色彩变黑。国内现在铅白颜料已基本不生产，含铜颜料也不多，但氧化铁类的颜料和铅铬类颜料是颜料中的大类，应注意回避。

此外，有机颜料中的偶氮颜料、色淀颜料与锌钛系列白色颜料之间会发生化学反应。偶氮颜料如从柠檬黄一直到紫红的黄红系列，色淀颜料如从湖蓝到玫瑰红的蓝紫系列，与锌钛系列白色颜料混合会导致不同程度的褪色现象，尤以红紫色更为严重。色淀颜料中粉红、玫瑰、紫罗兰和青莲等渗色现象严重，最好摒弃不用。

3. 颜料与介质之间的化学反应

颜料与介质的相互作用是导致颜料变质另一个原因，尤其在光照作用下。例如，油画中的群青有时会出现从蓝色变为灰绿色的情况，因为油画会在颜料之上覆盖一层透明油层，而光照会提高光油层的酸度，从而与群青颗粒的表面发生反应，破坏原来的颜色[1]。

此外，仅由于介质导致的色层变化也屡见不鲜。有的修复者直接使用市场上购买的油画颜料，但其中含有亚麻子油胶等不稳定、易变黄的粘结剂或其他添加剂。为改善介质对色层的影响，可以如Echo Evetts 所建议的那样，在使用油画颜料的24小时之前，将颜料挤在纸上，待纸吸走一部分油类物质后再使用[2]。

三、颜料的选择[3]

综合以上讨论的颜料的耐光性以及颜料变色的诸多原因，为保

---

[1] Thomas B. Brill, *Light, Its Interaction with Art and Antiquities*, Plenum Press, 1980, p.236.

[2] Echo Evetts, *China Mending — A Guide to Repairing and Restoration*, 1978, p.35.

[3] 参考姚尔畅：《绘画颜料与色彩指南》，上海人民美术出版社，2004年；雷·史密斯编著：《美术家手册》，中国纺织出版社，2000年；朱骥良、吴申年主编：《颜料工艺学(第二版)》，化学工业出版社，2002年；朱洪法主编：《精细化工常用原材料手册》，金盾出版社，2003年。

证颜料层的色泽,避免修复部分的变色,应尽可能选择无机颜料。考虑到使用的安全性,还需排除一些对人体有害的颜料。因此,可在古陶瓷修复中使用的颜料包括如下(见表1)。

表1 耐光力佳的无机颜料

	颜料名称	化学成分	耐光力标准	说　　明
白色颜料	钛白	二氧化钛(金红石、锐钛矿型2种)	BSS-1006:8 ASTM-D4302:Ⅰ	金红石型钛白耐候性能佳、不易变黄或粉化;锐钛型钛白白度好,偏冷,耐光与耐风化性能略差
	锌白	氧化锌	BSS-1006:8 ASTM-D4302:Ⅰ	能防止色膜粉化,抑制霉菌,宜做水性颜料。单独在油性白颜料中使用容易引起颜色层开裂
	锌钛白	氧化锌 二氧化钛	BSS-1006:8 ASTM-D4302:Ⅰ	在钛白中加入少量锌白,结合了两者之长
黄色颜料	氧化铁黄	含水三氧化二铁	BSS-1006:8 ASTM-D4302:Ⅰ	避免与含硫化物的颜料混用
	镉黄	硫化镉 硫化锌	BSS-1006:7 ASTM-D4302:Ⅰ	避免与含铅、铁或铜盐的颜料相混合,颜色易发黑或发绿。有一定毒性,镉粉尘对人体有害,不宜做固体颜料或喷绘
	生赭	氧化铁	BSS-1006:8 ASTM-D4302:Ⅰ	避免与含硫化物的颜料混用
红色颜料	铁红	氧化铁	BSS-1006:8 ASTM-D4302:Ⅰ	避免与含硫化物的颜料混用
	镉红 镉橘红	硒化镉 硫化镉	BSS-1006:7 ASTM-D4302:Ⅰ	避免与含铅、铁、铜的颜料混;有毒,避免吸入粉尘
绿色颜料	氧化铬绿	氧化铬绿	BSS-1006:8 ASTM-D4302:Ⅰ	无毒,着色力一般,性能非常稳定
	氧化铬翠绿	水合氧化铬绿	BSS-1006:7 ASTM-D4302:Ⅰ	无毒,有较好的耐光力,是主要的透明深绿色

（续表）

颜料	颜料名称	化学成分	耐光力标准	说　明
绿色颜料	灰绿（绿土）	可变组成的硅酸碱-铝-镁-铁	BSS-1006：7～8 ASTM-D4302：Ⅰ	色彩强度弱，但性能很稳定，加热时会变红
	钴绿	氧化钴 氧化锌	BSS-1006：7～8 ASTM-D4302：Ⅰ	但色泽不太鲜明，着色力和遮盖力均属一般，有毒
蓝色颜料	群青	硫酸钠和硅酸铝合成	BSS-1006：8 ASTM-D4302：Ⅰ	避免与酸性物质接触；避免与含铅、铜和铁的颜料混合
	铁蓝	亚铁氰化物	BSS-1006：7 ASTM-D4302：Ⅰ	着色力强，加入白色后耐光力下降；与碱性物质反应，色彩分解褪色呈棕褐色
	钴蓝	铝酸钴	BSS-1006：7～8 ASTM-D4302：Ⅰ	耐光、耐强酸强碱；在油性颜料中较脆，不宜涂厚，有毒
	天蓝	锡酸钴	BSS-1006：7 ASTM-D4302：Ⅰ	偏绿的中等明度蓝色，有毒。可以酞菁蓝加白色代替
棕色颜料	氧化铁棕 赭石 深赭 生褐 熟褐 深褐 马斯棕	氧化铁	BSS-1006：8 ASTM-D4302：Ⅰ	避免与含硫化物的颜料混用
黑色颜料	炭黑	碳	BSS-1006：8 ASTM-D4302：Ⅰ	在油性媒介中干燥速度慢
	铁黑	氧化铁	BSS-1006：8 ASTM-D4302：Ⅰ	避免与含硫化物的颜料混用

注：BSS-1006为国际日晒牢度蓝色毛织品标准；ASTM-D4302为美国材料试验协会艺术材料标准。(BSS-1006列为7级以上、ASTM-D4302列为Ⅰ表示具有优异的持久耐久力；BSS-1006列为5～6级、ASTM-D4302列为Ⅱ，表示有良好的耐光力、较厚稠度情况下能保持长久；BSS-1006列为3～4级、ASTM-D4302列为Ⅲ，表示耐光力较差，不具有持久性；BSS-1006列为2级、ASTM-D4302列为Ⅳ～Ⅴ，表示短时间内严重退色，不可用于绘画颜料。)

1. 白色颜料：钛白、锌白、锌钛白

（1）钛白：极为稳定的白色颜料，常温下几乎不与其他元素或化合物作用，对氧、硫化氢、二氧化硫、二氧化碳、氨都是稳定的。白度、着色力、遮盖力、耐候性、耐化学品性均优于其他常用白色颜料。金红石型钛白粉耐候性及耐热性较好，可以吸收近紫外线；锐钛型钛白粉的耐热性、耐光性较差，但白度高，遮盖力大，着色力强。

（2）锌白（中国白、锌氧粉、氧化锌）：具有无毒、抑制真菌生长的特点，还能防止色层脱落，但在油性颜料中如果用于厚涂或和其他颜料混合的话容易引起颜色层开裂。

（3）锌钛白：在钛白中加入少量锌白，结合了钛白和锌白的优点，既有钛白的白度、牢度、覆盖强度，又有锌白的防霉、防止粉化的作用。也称其为永固白。

以下颜色颜料要慎用：

铅白（碱式碳酸铅）：具有密度大，干燥快，遮盖力强，色膜牢度好的特点，但是因为其中含铅，有毒性，与含硫颜料混合会导致变色。

锌钡白（立德粉、硫化锌、硫酸钡）：硫化锌和硫酸钡的混合物，多用于水粉颜料。主要弱点是遇到紫外线后容易变得灰暗，不宜用作高级的白色绘画颜料。遮盖力和白度优于锌白，但不如钛白。

2. 黄色颜料：氧化铁黄、镉黄、生赭

（1）氧化铁黄（铁黄、含水三氧化二铁、土黄、马斯黄）：现多为合成颜料，有较好的耐光性、遮盖力和着色力。色光从柠檬黄到橙黄，着色力与铅黄几乎相等。耐碱不耐酸，与含硫化物的颜料混合会发生变色；不耐高温，加热超过150℃，即脱水并转化成氧化铁红。

（2）镉黄：成分为硫化镉或硫化镉和硫化锌的混合物，是遮盖力、着色力和耐光性最好的颜料之一，包括了从柠檬黄、淡黄、中黄、深黄到橘黄的各种标准黄色色相。

（3）生赭：为天然或合成的氧化铁黄颜料，不可与含硫化物的颜料混用。

要避免使用铬黄（铬酸铅、铅铬黄），铬黄含铅量高、独毒性大，日光下久晒颜色变暗，遇含硫化氢的颜料如群青、锌钡白等会明显变黑，遇到碱性物质则变为橙红色。

3. 红色颜料：氧化铁红、镉红

（1）氧化铁红（铁红、氧化铁、三氧化二铁、铁丹）：橙红至紫红色三方晶体粉末，是最常见的氧化铁系颜料。在大气和日光中稳定，具有很好的遮盖力、着色力、耐化学性、保色性和分散性。但是遇硫化物容易引起变化。有天然产品和人工产品两种，天然产品取自赤铁矿加工，含杂质多；合成法制成的产品粉粒细腻，对紫外线有较强的不穿透性。

（2）镉红（大红色素、硒红）：主要成分为硫化镉（CdS）和硒化镉（CdSe），具有橘红、朱红、大红和深红等各种标准色相，硒化镉含量越大，红色色光越强。色彩鲜艳，遮盖力、着色力、耐光性、耐热性皆优的红色颜料。耐碱不耐酸，能在酸中溶解，并放出有毒气体。与铅、铁、铜的颜料混合可能发生发黑现象。镉对人体有轻微危害，避免吸入粉尘的话就不至于危害健康。

要避免朱砂颜料，因其含有硫化物的成分，在遇到含铅、含铁的颜料容易引起变色发黑。

4. 绿色颜料：氧化铬绿、氧化翠铬绿、灰绿、钴绿

（1）氧化铬绿（氧化铬、三氧化二铬、搪瓷铬绿）：极稳定的绿色颜料，耐光、耐热、耐各种化学品；色泽暗淡，着色力不高。

（2）氧化翠铬绿：即水合氧化铬，较氧化铬绿鲜艳，耐光、耐候性均甚佳，但200℃以上就失去结晶水。

（3）灰绿：也称作绿土，原料为天然的绿色粘土，从罗马时期以

来就作为绘画颜料。天然绿土色彩沉着、透明度好,但着色力与遮盖力不佳。

(4)钴绿:传统采用氧化钴和氧化锌,现代钴绿采用氧化钴和氧化钛组合,耐光性好。但色泽不太鲜明、着色力和遮盖力均属一般,有毒。

5. 蓝色颜料:群青、铁蓝、钴蓝、天蓝

(1)群青(云青、石头青、佛青、洋蓝):多成分的无机颜料,分子式$Na_6Al_4Si_6S_4O_{20}$,色彩清新艳丽,与青花釉颜色接近,耐光力强,耐碱、耐高温。但群青不耐酸,与含铅、铜和铁的颜料混合,容易导致变色。着色力和遮盖力较差。

(2)铁蓝(华蓝、普鲁士蓝、铁蔚蓝、密罗里蓝):主要成分是亚铁氰化铁$Fe_4[Fe(CN)_6]_3 \cdot xH_2O$,属于耐光性较好的颜料,色泽鲜艳,着色力强,遮盖力较差。耐弱酸,不耐碱,遇碱性物质会分解成褪色成棕褐色。加热至120℃仍保持稳定,较高温度下颜色变暗。

(3)钴蓝(国王蓝):着色力和覆盖力都不很强,但颜色鲜明,有极优良的耐候性、耐酸碱性,能耐受各种溶剂,可与各类颜料相混合。

(4)天蓝(湖蓝):成分是锡酸钴,偏绿色相的蓝色。具有一定覆盖力,耐光力佳,但着色一般。有毒,现代绘画颜料中的天蓝颜色也有以白色和酞菁蓝混合代替。

6. 棕色:铁棕、赭石、深赭、生褐、熟褐、深褐、马斯棕等

(1)铁棕:即氧化铁棕,天然氧化铁棕是由富含氧化铁成分的天然矿石加工而成。但是与含硫颜料混合会产生色彩变化。

(2)赭石:由富含铁元素的赭色矿石加工而成,成分是氧化铁,一般颜色偏红。

(3)深赭:在天然煅赭土中加入黑色而成,色泽较生赭更深。

(4)生褐:除天然生赭土或再加入少些骨黑制成生褐颜色外,大部分现代生褐颜料为合成氧化铁和黑色的拼混色。色彩偏冷带黑,

半透明,耐光性好。

（5）熟褐:由天然生赭土煅烧而成。色泽较生褐色要浅且暖些,透明度不如生褐,但耐光力和其他方面与生褐基本相同。

（6）深褐:赭土、骨黑、合成氧化铁等天然土质颜料和合成颜料的拼混色。

（7）马斯棕:通常由氧化铁黄和铁红拼混而成,具有较好的耐光力、着色力和遮盖力。

以上这类颜料皆属于氧化铁系列颜料,耐久性、分散性、遮盖力、耐热性、耐化学性和耐碱性都很好。

7. 黑色颜料:炭黑、氧化铁黑

（1）炭黑（烟黑、墨灰、乌烟、灯黑）:主要成分是碳,外观是纯黑或灰黑色粉末,颜料黑度深、遮盖力强、色相冷暖适中。耐光、耐候、耐候性极佳。

（2）氧化铁黑（铁黑、铁氧黑、四氧化三铁、黑色氧化铁、马斯黑）:是氧化铁及氧化亚铁的加成物,黑色或黑红色粉末,一般氧化铁含量为74%～82%,氧化亚铁为18%～26%。氧化铁黑性能稳定,耐光、耐候性好。遮盖力、着色力很强,但不及炭黑。高温受热易氧化,100℃时变成红色氧化铁。

以上推荐的颜料主要是耐光性好、化学特性较稳定的无机颜料。当然,无机颜料也有很多缺点,比如天然的土质或矿物颜料色泽较暗淡,色谱不全等。补充使用一些有机颜料也是必要的,但主要还是依照以上讨论的耐光性和稳定性的颜料选择标准。雷·史密斯在《美术家手册》中对有机颜料总结说:"作为稳定而耐光的蓝色和绿色颜料,铜酞菁极其衍生物是无与伦比,而且由于生产规模的影响,它们的廉价也使其他颜料所无法比拟的。在黄色到红色的有机颜料范围中,就不存在具有如此统治地位的颜料,而发掘改善现有颜料的新型结构尚处于探索之中。"[1]

四、结论

　　古陶瓷修复中常会出现修复材料受光变色的问题，其原因比较复杂。除了所用的环氧树脂粘结剂在光照下变黄之外，色釉层中的颜料如选用不当，也会导致颜料与颜料之间、颜料与介质之间、颜料与环境之中的某些物质之间发生反应，从而导致偏色或变色的情况发生。上文对古陶瓷修复所需的颜料按不同色相进行梳理，推荐了较为耐光、稳定、安全的无机颜料和少数有机颜料，并详细交代了这些颜料的化学成分、性能，期望能尽可能避免由于上色颜料变质导致的古陶瓷修复部分的色层老化变色的情况。

笔者注

　　本文发表于国家文物局博物馆与社会文物司、中国文物学会修复专业委员会编：《文物修复研究（第5期）》，民族出版社，2009年，第108—114页。

---

[1] 雷·史密斯编著：《美术家手册》，中国纺织出版社，2000年，第17页。

国外古陶瓷修复常用粘结剂概述

俞 蕙

一、前言

古陶瓷修复是田野考古、博物馆工作中非常需要的一项专门技术,对于考古资料的整理、博物馆藏品的展出与研究均有着重要的作用。回顾古陶瓷修复技术发展的历史,不难发现修复水平的提高与修复材料的更新与改良密不可分,尤其是粘结剂、固化剂、配补材料、仿釉涂料等。从基本流程上来看,目前国内外的古陶瓷修复技术并没有很大的差异,也是经清洗、粘结、配补、加固、打底、上色等操作。但就修复材料而言,国外修复专家的选择更为丰富,北美和欧洲都有厂商生产专门的文物修复产品,而且就这些材料的特性与实际使用效果也已开展了多年的科学研究。相比之下,国内的修复材料稍显单一,大多是直接从其他行业借用而来的轻工业产品,修复专家根据实践经验判断、选择修复材料。由此可见,学习了解国外古陶瓷修复领域的经验,尤其是修复材料方面的成果,势必可以取长补短,提高、丰富国内的古陶瓷修复材料技术。而且,随着国内外文物修复领域交流地增进,修复文物的国际流通更为频繁,也时常需要识别之前的修复材料,熟悉了解国外修复材料体系也显得更为必要。

本文旨在介绍欧洲及北美地区使用的古陶瓷修复材料,并且集中在粘结剂的部分,因为优良的粘结材料可以延缓修复部分老化变黄的发生,避免重复修复对文物造成信息扰动和损伤,而且实用有效的修复材料可大幅度降低技术操作难度。

二、国外古陶瓷修复常用粘结剂

选择古陶瓷修复用粘结剂,必须考虑其粘结强度、粘度、颜色与透明度、固化时间、可逆性、安全性、价格等因素。针对不同的陶瓷器、不同的修复目的,粘结剂的选用也有所不同。目前来看,国外古陶瓷修复常用粘结剂包括以下几类(见表1)。

表1 陶瓷器常用粘结剂种类

粘结剂分类			粘结剂产品
热固型/反应型粘结剂	环氧树脂粘结剂	普通型	Araldite® Precision Araldite® AY-103/HY-956
		快干型	Araldite® Rapid Devcon® 5-Minute Epoxy Super Epoxy Nural 23
		专用型	Hxtal® Nyl-1 Epo-tek®301 Epo-tek®301-2 Fynebond® Araldite®2020 (Ciba Geigy XW396/397)
热塑性/溶剂型粘结剂	丙烯酸酯树脂粘结剂		Acryloid®B-72 (Paraloid®B-72)
	硝化纤维粘结剂		HMG® Duco® Cement Imedio® Banda Azul

(续表)

粘结剂分类		粘结剂产品
热塑性/溶剂型粘结剂	氰基丙烯酸盐粘合剂	Scotch® Loctite® Super Glue SuperGlue®
	聚醋酸乙烯酯粘结剂	GIOTTO® BIC®

（一）环氧树脂粘结剂（Epoxy Resins）

环氧树脂粘结剂是线形结构的热塑性高分子，每个分子结构内含有两个或两个以上的环氧基团，当与固化剂反应时，环氧基团的环状结构被打开，发生一系列的聚合反应，线形分子交联成长链网状分子，成为不溶的热固性树脂。修复用的环氧树脂粘结剂分为以下三类：普通型、快干型、专用型。

1. 普通型

（1）Araldite：在西方国家，Araldite是比较有影响力的环氧树脂商业品牌，普通的Araldite粘结剂为两组分，粘结剂与固化剂按照1∶1比例混合，混合后颜色稍黄，粘度也比较高。调好的粘结剂可以在2个小时内使用，固化的时间取决于室温，6～12小时后可以固定，24～72小时后完全固化。Araldite的粘结强度大，但是也存在粘结层变黄老化的缺点。

（2）Araldite AY-103/HY-956：这个型号的环氧树脂粘合剂由环氧树脂（AY 103）与固化剂（HY 956）两组分构成，调配比例为100∶18。粘合剂基本透明无色，粘度低，流动性好，大约24小时内固化。固化剂会逐渐变黄，固化后的环氧树脂也比较容易变黄。其优点是胶结层比较牢固，国外的修复者喜欢在其中添加填料或颜料用作打底、配补的填充材料。

2. 快干型

（1）Araldite Rapid：这类环氧树脂粘结剂具备普通环氧树脂的特点，只是固化速度快。粘结剂的两组分按照1∶1调配，需搅拌45秒并在4分钟内使用，约10分钟内可以粘住，但是完全胶结牢固需要1个小时。除了固化时间短之外，该胶体颜色稍黄，也具有老化变黄的缺陷。

（2）Devcon 5-Minute Epoxy：这类粘结剂与其固化剂是按照1∶1调配，胶体无色透明，可以在5分钟内粘住，1小时后达到最高粘结强度。为了方便使用，还设计了双管注射筒的包装。这类快干型的粘结剂还包括了：Super Epoxy, Nural 23 等，但它们同样无法回避老化变黄的问题。

3. 专用型

为了克服普通环氧树脂变黄老化等问题，在过去的几十年里陆续开发出一批专门为文物修复研发的产品。它们的普遍优点是无色透明、粘度低、渗透力佳、耐光性强；缺点则是价格偏高、固化时间较长。

（1）Hxtal Nyl-1：Hxtal Nyl-1的使用已经有二十多年的历史了，它是第一种专门为文物保护修复研发的环氧树脂粘结剂。粘结剂与固化剂按照3∶1的比例调配。该粘结剂无色透明，粘度低，可渗入缝隙当中，粘结强度高，而且具有不变黄的最大优点，J. L. Down的老化实验比较了三十余种环氧树脂粘结剂，其中Hxtal NyL-1具有最好的抗变色能力[1]。该材料的缺点就是固化时间过长，需要大约7天的时间，适当提高温度可以加快其固化速度。

（2）Epo-tek 301和Epo-tek 301-2：Epo-tek 301的用途很广泛，最早是用于光学材料，现在也被用在瓷器的修复。粘结剂与固化

---

[1] Jane L. Down, "The Yellowing of Epoxy Resin Adhesives: Report on High-Intensity Light Aging", *Studies in Conservation*, Vol.31, No.4 (Nov., 1986), pp.159–170.

剂的比例为4∶1，粘度低、强度高、抗变色能力强，隔夜即可固化。Epo-tek 301-2固化的时间更长，室温下需48小时左右，粘度也更大，其优良的颜色持久性也在J. L. Down的实验中得到了证实[1]。

（3）Fynebond：1994年在市场上出现的粘结剂，也是为陶瓷与玻璃的修复而研发的，粘结剂与固化剂的比例为3∶1。Fynebond的抗变色能力佳，但是Nigel Williams指出：在老化实验中，Fynebond要比Hxtal Nyl-1和Aradite2020更早变黄[2]。

（4）Araldite 2020（Ciba Geigy XW396/397）：Araldite 2020是特别为玻璃修复研制的粘结剂，该产品为水白色、粘度低、折射率接近玻璃。为粘结剂和固化剂双组分，以10∶3的比例混合（23℃），每100克粘结剂有效期限为45分钟，24小时后初步固化，完全固化大约72小时。需要时可适当加热，提高粘结剂的流动性并缩短其固化时间。粘结的时候可先拼合固定碎片，然后再滴入粘结剂，由于2020的粘度很低，在毛细原理下粘结剂可渗入拼缝。

（二）丙烯酸酯树脂粘结剂（Acrylic Resin Adhesive）

丙烯酸酯树脂无色透明，具有优良的光、热和化学稳定性，是文物保护常用的热塑性树脂粘结剂。

Acryloid B-72或Paraloid B-72：该材料是广泛使用在各类文物保护、修复领域中的专业粘结剂，是以甲基丙烯酸乙酯为主要成分的热塑性树脂。该产品为固体颗粒或管装胶体，需要溶解在丙酮等溶剂中使用（50%），溶剂挥发后干燥固化。突出的优点有：具有可逆性，固化后可用溶剂溶解除去；能够长期保持原有的色泽，耐紫外线

---

[1] Jane L. Down, "The Yellowing of Epoxy Resin Adhesives: Report on High-Intensity Light Aging", *Studies in Conservation*, Vol.31, No.4 (Nov., 1986), pp.159-170.

[2] Nigel Williams, *Porcelain Repair and Restoration*, University of Pennsylvania Press, 2002, p.56.

照射不易变黄。Stephen P. Koob在1986年撰文介绍了PraraloidB-72的作为粘结剂的优良性能，并提供了制备方法，即Paraloid B-72与丙酮1∶1配比（添加0.1%二氧化硅）[1]。

（三）硝化纤维粘结剂（Cellulose Nitrate Adhesive）

硝化纤维素是最早用于文物保护的粘结剂之一，溶解在丙酮、酒精的混合物中使用。虽然老化后易变脆、变黄、收缩、释放酸性气体等，但是由于其使用方便、相对无毒、具可逆性、价格低廉等优点，许多专家还是习惯用来粘结低温软质陶器，或配合其他粘结剂使用。常见产品有HMG、Duco Cement、Imedio Banda Azul等。

HMG：为使用较广泛的一种商业产品，是硝化纤维与增塑剂和增粘剂的混合物，比纯硝化纤维更耐热、耐光老化。材料呈水白色，一定时间内不易变色，易溶于丙酮，溶剂挥发后即固化，也可用丙酮再度溶开。固化后粘结强度有限，仅适用于多孔陶器或者石膏的加固。HMG在高温的存放环境中，还能保持其弹性并且稍稍变色。有实例显示，在避免高温高湿的室内环境下，硝化纤维粘结剂效用可达40年[2]。

硝化纤维粘结剂快干、方便使用、相对无毒、有可逆性、价格低廉，许多专家还是乐于使用，但是会与其他粘结剂并用。Barov指出：硝化纤维粘结剂会变得脆弱不稳定，是因为暴露在紫外线、氧气和高湿度环境下，所以他在使用硝化纤维粘结剂之后，又涂了一层耐紫外的热固型丙烯酸粘结剂作为保护[3]。

---

[1] Stephen P. Koob, "The Use of Paraloid B-72 as an Adhesive: Its Application for Archaeological Ceramics and Other Materials", *Studies in Conservation*, Vol.31, No.1(Feb., 1986), pp.7-14.

[2] Y. Shashous, S. M. Bradley & V. D. Daniels, "Degradation of Cellulose Nitrate Adhesive", *Studies in Conservation*, Vol. 37, No.2(May, 1992), pp.113-119.

[3] Zdravko Barov, "The Reconstruction of a Greek Vase: The Kyknos Krater", *Studies in Conservation*, Vol.33, No.4(Nov., 1988), pp.165-177.

（四）氰基丙烯酸盐粘结剂（Cyanoacrylate Adhesive）

氰基丙烯酸盐粘结剂在国外常被称为超能胶Super Glue，为无色透明的快速粘结剂，相当于国内常见的502胶水。普通的Super Glue固化速度太快导致来不及对准碎片，而且胶水在光照和湿气作用下几年内也会失效，因此主要用于临时的拼接。此外，这类胶水粘结强度有限而且渗透性太好，不适于粘结大型陶瓷器或者多孔的陶片。常见的品牌有Scotch和Super Glue。

国外的厂商针对产品的缺陷进行了一系列的改良，例如：延长胶水的固化时间、研发更稠的胶状粘结剂用于胶结粗糙表面；设计笔状或刷状的瓶嘴便于涂胶、将瓶子设计从两侧按压，更好控制流出量等。在使用环氧树脂等固化速度慢的粘结剂时，如果使用玻璃胶带固定位置很困难，就可以在局部使用氰基丙烯酸盐粘合剂，以辅助固定。

（五）聚醋酸乙烯酯粘结剂（Polyvinyl Acetate Adhesive，PVAC）

聚醋酸乙烯酯（PVAC）是醋酸乙烯酯聚合而成的无色透明固体，为文物保护中常用的热塑性树脂，其光稳定性好，颜色不易变黄；具有可逆性，日久虽然会发生交联和氧化，但仍能保持其可溶性。其缺点是玻璃化温度（Tg）接近室温，易受热变粘，粘附灰尘或发生"冷流"，即器物在自重作用下胶结层逐渐发生偏离的情况。

PVAC分为溶剂型和乳液型两类：溶剂型是将PVAC固体溶解在有机溶剂内制成，可用作陶器的粘结剂，但在高温、高湿环境下会发生脱胶，只能用于临时性的粘结。PVAC乳液俗称白胶，呈乳白色粘稠液体，清洁无毒、无刺激，使用便利，价格低廉，固化后可用热水软化或有机溶剂溶解清除。PVAC乳液比溶剂型PVAC使用更普遍，尤其适合考古出土的潮湿器物。市场上出售的乳液型产品种类也很繁多,包括GIOTTO、BIC等。

三、结论

目前,国外的古陶瓷修复发展出了一系列的粘结剂产品,适用于不同类型的陶瓷器(见表2)。硝化纤维粘结剂、聚醋酸乙烯酯粘结剂、氰基丙烯酸盐粘合剂多用于考古出土陶器的临时性粘结与加固,适合脆弱陶瓷器的现场快速处理。当器物转移到实验室内进行深度修复时,主要采用丙烯酸酯树脂和环氧树脂粘结剂:前者用于低温陶瓷器,如欧洲生产的陶器或釉陶;后者用于高温瓷器,如中国青花瓷器。

尤其值得一提的是,国外在过去几十年内研发的陶瓷玻璃修复专用粘结剂,这些产品不仅能提供较好的粘结强度,而且具有耐光性好、粘度低、折光率接近玻璃等优点,Nigel Williams认为:当碎片清洗和拼对非常完美的时候,使用这些粘结剂可以实现几乎都发现不了的粘结[1]。而且,随着这些专业环氧树脂粘结剂的改良、更新,一系列的修复方法也会相应发生变化。大英博物馆的Fi Jordan采用耐光性的环氧树脂,配以二氧化硅为填料,适当着色后用于瓷器的配补与润色,固化后环氧树脂的颜色、半透明感与原器保持协调一致,这种方法的最大优点是可以避免覆盖过多的原器物表面[2]。对于器型纹饰小巧精致、损伤范围较小的器物来说,这种上色方法显然优于修复面积过大的喷枪上色。

---

[1] Nigel Williams, *Porcelain Repair and Restoration*, University of Pennsylvania Press, 2002, p.55.

[2] Fi Jordan, "The Practical Application of Tinted Epoxy Resins for Filling, Casting and Retouching Porcelain", *The Conservation of Glass and Ceramics: Research, Practice and Training* (Editor: Norman H. Tennant), James & James (Science Publishers) Ltd, 1999, pp.138–145.

表2 陶瓷修复粘结剂的适用范围

类型	适用范围	
硝化纤维粘结剂	低温软质陶器或瓷器	考古出土的干燥陶器
丙烯酸酯树脂粘结剂		器型稍大、胎质疏松多孔的陶瓷器
聚醋酸乙烯酯粘结剂		干燥或潮湿考古出土陶器
氰基丙烯酸盐粘合剂	高温硬质陶器或瓷器	烧结致密、无空隙陶瓷器,且断截面干净,能准确拼合
环氧树脂粘结剂		胎质紧密的大型瓷器,以及碎片受力较大的部位

笔者注

本文发表于国家文物局博物馆与社会文物司、中国文物学会修复专业委员会编:《文物修复研究6》,民族出版社,2012年,第130—135页。此次出版对文中部分地方进行修改。

国外古陶瓷修复仿釉产品综述

俞 蕙

一、前言

古陶瓷修复中的"上色"是指对修复部分进行着色处理,令其色泽、纹饰与器物的原部位一致,从而达到修饰、淡化修复痕迹的目的。"上色"要恢复昔日的文物原貌,原则上只能局限在缺失处,而不能遮盖器物的原材料。"上色"是为器物的展出、陈列、摄影出版而服务的,不同的国家对"上色"有不同的要求。目前西方博物馆已经普遍接受"六英寸,六英尺"的修复原则,即修复痕迹在六英寸(约0.15米)远可见,而六英尺(约1.8米)远就看不见。也就是说,修复效果要达到恰当的中间程度,修复痕迹不能显而易见,被观众清楚发现,但也要与原器有所差异,让训练有素的眼睛识别区分。

上色所用的材料主要包括三大类:粘合剂(仿釉基料)、颜料(着色剂)、稀释剂。粘结剂用于固定颜色、模拟釉层的光泽感;颜料形成与器物吻合的色彩;稀释剂用于调节涂料稀薄,使上色更加便利。而其中的仿釉基料直接关系到古陶瓷修复后的视觉效果与色泽持久度,是关系上色操作成败的关键性材料。目前,国内的仿釉基料主要包括环氧树脂、丙烯酸树脂等，但大多属于普通商业产品，并非为文物修复专门设计。本文将在国外文献调研和法国考察的基础上，系统归纳国外古陶瓷修复使用的各类仿釉基料，介绍其特性与用途，并重点关注使用广泛的古陶瓷修复专用光漆，以期对国内开展古陶瓷修复材研究有所助益。

二、国外仿釉基料的种类及产品（见表1）

表1 国外古陶瓷修复仿釉产品一览表

名 称	性 质	生产单位	产品资料来源
Paraloid B-72	丙烯酸树脂	Rohm and Haas Ltd	http://www.dow.com/
Chintex Glaze	丙烯酸树脂	Chintex	http://www.chintex.co.uk/
Hxtal NYL-1	环氧树脂	HXTAL Adhesive, LLC	http://www.hxtal.com/
Epo-tek 301	环氧树脂	Epoxy Technology	http://www.epotek.com/
Fynebond	环氧树脂	Fyne Conservation Service	http://www.fyne-conservation.com/
Sylamasta Cold Glaze	环氧树脂	Sylamasta	http://www.sylmasta.com/
Araldite 2020 （XW396/XW397）	环氧树脂	Huntsman Advanced Materials	https://www.huntsmanservice.com/
Cryla Artists' Acrylic	丙烯酸乳液	Daler-Rowney	http://www.daler-rowney.com/en/content/cryla
Acrylic Colours	丙烯酸乳液	Liquitex	http://www.liquitex.com/
Acrylic Colours	丙烯酸乳液	Golden	http://www.goldenpaints.com/
Acrylic Colours	丙烯酸乳液	Winsor & Newton	http://www.winsornewton.com/products/acrylic-colours/
Rustins Plastic Coating	脲醛树脂	Rustins	http://www.rustins.com.au/

(续表)

名　称	性　质	生产单位	产品资料来源
Jade	聚醋酸乙烯酯	Aabitt	http: //www.conservationresources.com/
Tor Life Ceramic Glaze	聚氨酯树脂	Tor	http: //www.conservationresources.com/
Golden Porcelain Restoration Glaze	丙烯酸类聚合物	Golden	http: //www.goldenpaints.com/technicaldata/porceln.php
Golden MSA Varnish	丙烯酸类聚合物	Golden	http: //www.goldenpaints.com/technicaldata/msavar.php
Rustins Ceramic Glaze	丙烯酸类聚合物	Rustins	http: //www.rustins.com.au/rustins/rustinsceramicglaze.htm

仿釉基料既可与颜料调和使用，也可单独使用增加釉质感。理想的仿釉基料必须考虑以下几个方面：

● 不会对原器造成损伤。

● 固化后有较好的釉质感。

● 涂层附着力较好、不易脱落，但具可逆性，必要时可安全去除。

● 能与颜料很好结合，结合后颜料不会变色。

● 颜色透明或为水白色。

● 抗老化性能较好，不易变色和变质。

● 对操作人员及环境无毒无害。

1. 丙烯酸树脂（Acrylic Resin）

适用低温釉陶或高温釉瓷，能长期保持原有的色泽，耐紫外线照射不易分解、变黄。固化后涂层透亮无色，有较好的釉质感。具有可逆性，固化后可用溶剂溶解除去。国外常用产品包括：

（1）Paraloid B-72。以甲基丙烯酸乙酯为主要成分的热塑性树

图1　Paraloid B-72; Paraloid B-44

脂,该产品为固体颗粒或管装胶体,溶剂为丙酮、甲苯、二甲苯等。也有专家推荐使用Paraloid B-64,以适当比例溶解在溶剂中,当作透明罩光漆使用。

(2) Chintex Glaze。20世纪60～90年代生产的陶瓷修复专用光漆,是一种加热固化的改性丙烯酸树脂漆。透明漆呈水白色,年久不变色。该材料需在至少95℃下,至少1小时,才会固化。加热温度越高,漆层固化硬度越大,最高可加热到180℃以上不会变色。该材料配有专用稀释剂,可笔绘或喷枪上色。该产品现已不再生产,使用范围较有限。

2. 环氧树脂(Epoxy Resin)

环氧树脂是含有环氧基团的树脂的总称,主要由环氧氯丙烷和多酚类(如双酚A)等缩聚而成,与多元胺、有机酸酐或其他固化剂等反应变成坚硬的高分子化合物。环氧树脂适用于高温瓷器,与粉末颜料、二氧化硅等填料调配后上色,也可单独使用增强亮度。室温固化后可打磨加工,也能层层加厚,不会翻底。缺点是固化时间长,不具可逆性,不适合喷枪喷涂,光照后容易变色发黄,不能用于修复颜色较淡的陶瓷器。国外销售的普通环氧树脂仍然容易老化变色,但以下几款专用环氧树脂产品针对文物修复的要求,耐光性相对较好。

(1) Hxtal Nyl-1。粘结剂与固化剂按照3：1的比例调配。该粘结剂无色透明、粘度低,可渗入缝隙当中,粘结强度很高,而且具有不变色的最大优点。缺点是固化时间过长,需要约7天的时间,但适当升温可加快固化速度。

（2）Epo-tek 301。用途很广泛，最早是用于光学材料，现在也被用于瓷器的修复。粘结剂与固化剂的比例为4∶1，粘度低、强度高、抗变色能力强，隔夜即可固化。相关产品还有Epo-tek 301-2，其固化时间更长，室温下需48小时左右，粘度也更大。

（3）Fynebond。1994年在市场上出现的粘结剂，也是适应陶瓷与玻璃的修复而研发的，粘结剂与固化剂的比例为3∶1，其抗变色能力佳。

（4）Cold Glaze System。有透明或白色两种产品，粘结剂与固化剂以2∶1的比例混合。2～3小时干燥，室温24小时固化，7天形成坚硬、持久的涂层。最新出品的同系列产品为Goldglaze PRO 2。

（5）Araldite 2020。Araldite 2020是特别为玻璃修复研制的环氧树脂，该产品为水白色、粘度低、折射率接近玻璃。该产品为粘结剂和固化剂双组分，以10∶3的比例混合后（23℃），每100克粘结剂有效期限为45分钟，24小时后初步固化，完全固化大约72小时。

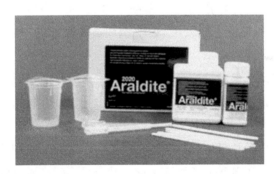

图2　Araldite 2020

3. 丙烯酸乳液（Acrylic Emulsion）

适合各种陶瓷器，尤其是考古出土陶器或无釉陶瓷，但不适合高温釉瓷。该材料是由丙烯酸酯、甲基丙烯酸酯、丙烯酸、甲基丙烯酸等单体经乳化剂及引发剂共聚而成的乳液,液态时为乳白色,干燥后形成无色透明、坚固有柔韧的薄膜。当湿润未干时,可用水溶解洗去,但若完全干燥后成膜,就不再溶于水,但可以用丙酮去除,具有可逆性。其理想的操作环境：温度20～30℃,相对湿度75%以下,低于9℃的工作环境不利于丙烯介质成膜。丙烯酸乳液可混合粉状颜料使用,色层干燥后颜色会变深,调配颜色时需要考虑到色差变化。

丙烯颜料（Acrylic Paints）：确切名称为聚丙烯酸酯乳胶绘画颜料,是颜料、丙烯乳剂和水的结合物。丙烯颜料干燥后形成塑料质地的薄层,无法保证颜料与器物之间有足够粘结强度,也很难进行打磨或抛光等表面处理,适合考古出土陶器。著名国际颜料厂牌都有出品丙烯颜料,例如：Daler-Rowney、Liquitex、Golden、Winsor & Newton等。它们已经发展出系列丙烯产品,例如：高粘度、液体、喷枪专用丙烯颜料,有光或亚光丙烯上光油,塑型软膏等。既可用笔绘也能利用喷枪上色。喷枪上色须采用流动性高的喷枪专用颜料,不用稀释直接使用,不会堵塞喷枪,而且颜料可以层层叠加。普通丙烯液态颜料也可用喷绘,但要添加透明稀释剂,不能直接用水稀释。

4. 聚醋酸乙烯酯乳液（Polyvinyl Acetate）

适用于低温陶瓦或配补石膏表面的上色。该材料为醋酸乙烯酯聚合而成的乳液,也叫做白胶,呈乳白色粘稠液体,清洁、无毒、无刺激,使用便利,价格低廉,具有很好的可逆性,固化后可用热水软化或用丙酮、乙醇、甲苯等有机溶剂溶解。缺点是不耐高温、高湿,主要用作表面的加固,也可以用于修复上色。国外的产品例如：Jade。

5. 脲醛树脂（Formaldehyde Resins）

脲醛树脂是尿素与甲醛在催化剂（碱性催化剂或酸性催化剂）作用下,缩聚成初期脲醛树脂,然后再在固化剂或助剂作用下,形成不溶、不熔的末期树脂。脲醛树脂的优点在于能够形成脆硬的涂层,固化后可以打磨和抛光,也能层层堆积,很好地模拟瓷釉。其缺点是不耐老化,性质危险有害,需在有排气通风设备环境下操作。

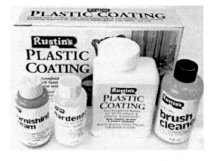

图3 Rustin's 牌塑胶涂料

常见产品例如:Rustins Plastic Coating(Rustin's)。该材料是尿素甲醛树脂与稀释剂、酸性固化剂的混合物,固化剂呈酸性,与群青颜料不相容。

6. 聚氨酯树脂(Polyurethane Resins)

聚氨酯树脂是由多异氰酸酯和多羟基化合物反应而成。具有高的极性与反应活性,可产生较强的化学粘结力。使用时能很好地与颜料混合,用稀释剂可延长工作时间。聚氨酯树脂的物理机械性能好,涂膜坚硬、光亮、丰满、附着力强,可打磨和抛光,还具有耐腐蚀、耐低温、耐水解、耐溶剂以及防霉菌等优点。其缺点是容易受光照而变黄,树脂逐步老化变为不溶,但可用二氯甲烷类的脱漆剂溶胀后清除,聚氨酯类产品含二甲苯等有毒溶剂,必须在有排风设备的场所操作。相关产品包括:Tor Life Ceramic Glaze(Tor),它具有很好的抗老化变色能力,包括树脂与固化剂两组分,按6:1的比例混合使用。含大量二甲苯,必须在排风设备下操作。

7. 醇酸树脂(Alkyd Resins)

醇酸树脂是由脂肪酸、二元酸及多元醇反应而成的树脂。醇酸树脂涂料具有耐候性、附着力好、光亮丰满等特点,固化后可以用砂纸打磨抛光。缺点是涂膜较软,耐水、耐碱性欠佳。醇酸树脂涂料是通过溶剂挥发树脂交联形成漆膜,类似丙烯颜料那样,用于考古器物或陶器的上色修复,产品：Intenso Colours(Keep)。

三、古陶瓷修复专用仿釉产品

在欧美国家,考古出土陶器或釉陶大多采用丙烯颜料或介质上色,具体方式有：笔尖点戳、牙刷弹拨、海绵涂擦等。这类仿釉产品适合石膏等多孔表面,可以实现无眩光的表面,也可以达到适当光亮的效果。但是当修复釉质肥厚的高温瓷器,尤其是高级的美术修复,丙烯颜料已无法满足需求,需要釉质更为透亮、坚固,并适合喷枪上色的产品。针对瓷器(China)的修复,欧美国家也研发了专用的光漆。

1. Golden 瓷器修复光漆（Golden Porcelain Restoration Glaze）

Golden 牌瓷器修复光漆是水溶性丙烯酸酯光漆,是专门为瓷器修复研发的,推荐用喷枪上色,固化后表面能够打磨。该材料可用适当的水来做稀释剂,可与丙烯颜料调配使用,但建议使用同品牌的喷绘颜料。多层喷涂的器物需数天或数星期的干燥时间,最好多次喷涂薄层涂料而不是一次厚层涂料,施工要选择适宜的环境温湿度。每次喷涂之间要留有充足的干燥时间,也可用吹风机加快干燥。最后一道漆要置于加热灯下 2～4 小时烘干,这项措施很重要,否则涂层无法完全干燥固化,从而导致日后容易产生涂层软化。该产品具有可逆性,可以使用氨水清除,即将家用氨水和水 1：1 混合,用干净棉布吸取溶液后轻柔擦洗。

2. Golden MSA Varnish（含抗紫外稳定剂）Golden Mineral Spirit Acrylic Varnishes with UVLS（Ultra Violet Light Stabilizers）

这是一种含抗紫外稳定剂（UVLS）的丙烯酸酯光漆,有光亮、光滑、亚光三种,三种产品可以混用,但光滑、亚光产品会令深色变淡。光漆固化后形成硬且韧的透明涂层,可用矿物溶剂油或松节油溶解清除。MSA Varnish 主要用于最后的罩光,可使用在丙烯、油画、醇酸等多种材质上。该材料使用前必须用溶剂稀释，但需要3～6小时干燥，2周后才能完全固化。MSA光漆可用喷枪上色，理想工作环境是65～75℃，相对湿度50%～75%。

3. Rustins Ceramic Glaze

水性的丙烯酸树脂光漆，单组分材料需要加热固化。固化后硬度高，抗撞击、磨损和大多数溶剂。光漆是无色而且不容易变黄。丙烯陶瓷光漆可笔绘或喷枪上色，最多用10%的水稀释，还可与粉末颜料和丙烯画颜料混合使用，能用于丙烯、环氧、纤维素、油性涂层等表面。涂层通常在0.5～1小时内干燥，1～2小时后才能再次喷涂，漆层最终需10天达到完全交联。为提高光漆硬度，也可适当加热，加热前自然干燥60分钟，再于100℃烘箱内加热45分钟，降低到室温后再喷涂下一道漆。

四、总结

根据笔者文献与实地调研发现，虽然国外古陶瓷专用仿釉产品种类繁多，但是修复界的主流趋势是使用丙烯酸类的材料，尤其倾向于水性的单组分产品，这类材料具有耐光性好、具可逆性、适合喷枪上色、与多种上色材料的相容性较好、无须高温固化、对人体的刺激伤害较少等优点，既能满足古陶瓷修复的技术要求，符合文物修复的准则，还能有效降低从业人员的职业伤害，减少对环境的污染。

参考文献

1. Susan Buys & Victoria Oakley, *The Conservation and Restoration of Ceramics*, Oxford: Butterworth-Heinemann, 1999.
2. Victoria Oakley & Kamal K. Jain, *Essentials in the Care and Conservation of Historical*

Ceramic Objects, Archetype Publications, United Kingdom, 2002.
3. Nigel Williams, *Porcelain Repair and Restoration*, Philadelphia: University of Pennsylvania Press, 2002.
4. Lesley Acton & Natasha Smith, *Practical Ceramic Conservation*, The Crowood Press, 2003.
5. Lesley Acton & Paul McAuley, *Repairing Pottery and Porcelain: A Practical Guide*, A & C Black Publishers, 2003.

笔者注

1. 本文发表于国家文物局博物馆与社会文物司、中国文物学会修复专业委员会编:《文物修复研究6》,民族出版社,2012年,第405—410页。
2. 此次发表时,对论文中个别地方作了修改。

试论在古陶瓷修复中
有机溶剂的选择

杨植震　俞蕙

一、前言

1. 合理选择有机溶剂的必要性

（1）有机溶剂广泛用于古陶瓷修复的各个工序，为了顺利和高效地进行修复，需要选择适当的溶剂。换言之，如果不能正确选择溶剂，会影响到修复（如清洗、加固和拆分等）是否能够顺利进行，甚至影响修复的成败。

（2）适当选择溶剂事关操作现场防火、防爆以及防止修复师中毒和生病等一系列安全问题。显然，安全一旦出现问题，整个修复工作极有可能立即会全部停止，故俗话说"安全第一"是很有道理的。可见，从安全、防护的视角，考虑选择溶剂具有重要的现实意义。

2. 在古陶瓷修复中使用有机溶剂的实例

笔者观察古陶瓷修复的各个步骤，发现几乎所有工序中都使用有机溶剂。例如，针对拆分工艺（即古陶瓷修复中拆分修复过的器物），笔者归纳出一个表格（见表1），展示了对于给定的工艺，拆分所使用的溶剂是各不相同的。值得强调的是,使用甲酸拆分环氧(树脂)粘结剂是笔者实验室的研究新成果。

表 1　国内常见粘结剂拼接后拆分使用的试剂

名　称	试　剂	名　称	试　剂
环氧树脂粘结剂（拆分）	甲酸;二氯甲烷	聚醋酸乙烯酯（PVAC）	热水;丙酮
氰基丙烯酸盐粘合剂	丙酮;天那水	虫胶	热水;乙醇;丙酮
硝基纤维粘结剂	丙酮	动物胶	热水
丙烯酸树脂粘结剂	丙酮;天那水	丙烯画颜料中的粘结剂	乙醇;丙酮

又如,在另一个工序(加固工序)中,因修复对象不同修复师必须使用不同溶剂,以求达到相应的加固的目的。例如当加固酥碱的彩绘陶器的彩绘层时,笔者推荐使用5%的白胶水,这时的稀释剂是水;又如当处理某些起甲的釉陶时,笔者推荐的是5%的聚乙烯醇缩丁醛,此时的溶剂是乙醇;再如,遇到需要加固配补的陶瓷胎体时,笔者推荐的稀释剂可能是乙醇(对于环氧粘结剂加固瓷胎)或者用丙酮(对于B-72粘结剂加固陶胎)。由此推理到清洗、上色等工序,由于情况的不同,都可能使用不同的溶剂。笔者认为难以在一篇文章中列出修复中使用溶剂的所有实例,而只能就修复古陶瓷的每一个工序,举出一两个代表性的使用溶剂的实例,以展示有机溶剂在古陶瓷修复中的普遍性和多样性。下面就每一个修复步骤,举出一两个实例,说明这种溶剂使用的多样性。

(1)清洗

清洗陶瓷碎片上面的油脂类杂物时,因水的清洗效果往往不佳,经常推荐乙醇或丙酮等有机溶剂。此时溶剂的作用为清洗剂

(detergent)。在调制和使用环氧树脂粘结剂后,修复师面临的清洗对象是:容器、被沾污的工具和修复师的手指等,针对这些清洗工作,笔者首先推荐的是乙醇。

（2）拼接

拼接陶器碎片时,如需配制一定浓度的 Paraloid B-72 粘结剂（溶液）,针对这里的溶质（Paraloid B-72）文献中往往推荐的溶剂是丙酮。在拆分碎片时,也可使用丙酮,溶解 Paraloid B-72 粘结剂,使碎片分开,在以上两种情况下丙酮的作用是溶液的溶剂（solvent）。

（3）加固

用石膏配补瓷器时,配补部分的机械强度不够,往往需要加固配补部分。如用有机溶剂（如乙醇等）稀释环氧粘结剂,以达到降低粘度的目的,此时试剂的作用为稀释剂（diluting agent）。

（4）打底

在修复瓷器时,为了给修补部分上色,需要在这部分上面制作一个平整的表面,这就是打底工艺。实验证明,在实施此工艺时,不能直接使用环氧树脂粘结剂,因为它的粘度太大,难以拉出一个平整的表面,而加入乙醇等稀释剂后,由此降低粘结剂的粘度,可以完成打底的工艺。此时,乙醇的作用也是稀释剂。

（5）上色

上色时目前国内广泛使用的粘结剂是硝基清漆和聚丙烯酸酯,此时使用的稀释剂为乙酸乙酯、丙酮或香蕉水。

（6）仿釉

在仿釉工序中,笔者经常使用的是190丙烯酸光油,在买来的喷瓶中已经含有天那水稀释剂,而在用喷枪喷涂仿釉层时,笔者为防止喷枪堵塞,将聚丙烯酸酯稀释之,让其浓度再减小一些（如一倍左右）,此时经常用乙酸乙酯稀释剂。

(7) 作旧

当修复青花瓷器时，在上色完成后，一般缺少原器物表面的"黑点"和"棕眼"，需要用弹拨法作旧。纯的环氧树脂粘结剂和颜料的粘度太大，不易得到较小的色点，此时加入溶剂（如乙醇等），可以改进作旧的效果。这时溶剂的作用仍旧是稀释剂。

(8) 拆分

修复中时常选用某些热固型的粘结剂（如环氧树脂粘结剂等）。它们聚合时由单体和固化剂交联聚合，没有溶剂再能溶解粘结剂。但是实践中时常需要解脱使用此类粘结剂拼接好的碎片。这时国外推荐二氯甲烷为主的专用拆分试剂（Nitromore），笔者则推荐甲酸[1]，该试剂让粘结剂分子间的结合松弛，有时还要再施加外力，让碎片分开。这时试剂的作用为溶胀剂（swelling agent）。

总之，在目前的修复工艺中，有机溶剂的使用相当普遍，作用多样，使用量较大，且常常并无其他手段代替，可见修复师难免要和有机溶剂打交道。

3. 当前古陶瓷修复中有关溶剂选择的几个突出问题

针对溶剂在化学界已出现英语专著[2]，近年中文专著[3]也引人注目。在文物保护文库中，英语文献中 C. V. Horie[4]、H. Kuhn[5]的论述是比较详尽的。可是，至今的国内文物修复文献中未见结合修复的

---

[1] 俞蕙、杨植震：《古陶瓷修复基础》，复旦大学出版社，2014年，第60—51页。

[2] A. Weissberger & E. Proskauer, *Organic Solvents, Phisical Properties and Methods of Purification*, Interscience Publications, 1955; D. A. Lide, *Handbook of Solvents*, 2nd ed., CRC Press Inc.,1994.

[3] 解一军、杨宇婴编：《溶剂应用手册》，化学工业出版社，2009年。

[4] C.V. Horie, *Materials for Conservation*, Butterwords, 1987, pp.54, 186–189.

[5] H. Kühn, *Conservation and Restoration of Works of Art and Antiquities*, Vol.1, Butterworths 1986, pp.236–238.

关于溶剂选择的综合评述,例如涉及工艺各步骤中,如何考虑各类溶剂本质、结合它们的爆炸和燃烧的危险性、毒性,综合各因素筛选溶剂。笔者遇到一些专业的修复师,他们多次提出如何选择溶剂的问题,这些问题往往涉及如何改进修复室的防护和提高修复质量,值得探讨。具体而言有如下几个问题比较突出。

第一,作为硝基清漆或丙烯酸酯的稀释剂,在乙酸乙酯、丙酮和香蕉水这三种试剂中,选择哪一种防护条件较好?

第二,在夏天喷涂色层时,丙酮挥发太快,如颜料层来不及充分延展,甚至发生"溅点",此时可以选用其他的何种溶剂代替之?

第三,目前上色喷涂时广泛使用的有机溶剂,毕竟有明显的毒性,值得实验何种新工艺,可望减少或基本终止使用有机溶剂?

本文希望能在较充分说明溶剂知识的基础上,结合笔者的修复实践,提出合理选用溶剂的原则,以期在回答上述问题时对修复师有所帮助,最后改进现有的修复工艺。

二、有机溶剂的品种

通常选用溶剂时,被选择的溶剂必须满足两个要求:

(1)试剂在室温下必须是液体;

(2)液体的挥发性应该是适中的,即在修复实践中,往往要求溶剂在使用后,能够从古陶瓷器物上挥发掉,不能较长时间地留在器物上;同时溶剂的挥发性也不能太强(挥发极快),使得修复操作不易完成。

下面在各类化合物中,我们将评述适用的溶剂。认识有机溶剂的品种(或分类)有助于我们了解各类有机溶剂性能的差别,在同一类溶剂中,根据相似性原理可选用其他的代用品。这种选择的实例之一是,当夏天室温较高时,使用丙酮易引发火灾,需要选用代替溶剂,修复师可以首选的应该是丙酮的同类溶剂,如丁酮。

1. 烷烃

开链的饱和烃也称为烷烃。在表1中分子量太小者(如正戊烷和比它更小的烷类),皆为挥发性很大的液体或气体,难以让它们和待清洗的样品长时间接触,故在修复实践中一般不能用作溶剂。同时分子量太大的烷类,它们的沸点比较高,清洗后样品难以快干,故作为溶剂一般也不宜选用。根据我们的经验,沸点在60～100℃的溶剂使用效果较好。实践中,为了溶解和清洗陶瓷样品上的石蜡或油脂,修复师可一般选用正己烷(见表2)。

表2 正烷烃的分子量和沸点

化合物名称	分子式	分子量	Tb沸点(℃)
甲烷	CH_4	16	-161
乙烷	C_2H_6	30	-89
(正)丙烷	$CH_3CH_2CH_3$	44	-42
正丁烷	$CH_3CH_2CH_2CH_3$	68	0
正戊烷	$CH_3CH_2CH_2CH_2CH_3$	72	36
正己烷	$CH_3(CH_2)_4CH_3$	86	66
正庚烷	$CH_3(CH_2)_5CH_3$	98	98
正辛烷	$CH_3(CH_2)_6CH_3$	114	126

白节油(white spirit)是碳氢化合物的混合物。因为它是含多种碳氢化合物的溶剂(如己烷等烃类),产自石油。如比较白节油和单一的烃类溶剂两者的价格,后者价位较高,因此作为溶剂文献中往往推荐使用价格低廉的白节油等工业产品[1]。

---

[1] S. Buys & V. Oakley, *Conservation and Restoration of Ceramics*, Butterworth Heinemann, 1999, pp.184–187.

2. 醇类

化合物归属的类型不同，化合物的沸点也不同。例如，我们比较链状烃类烷系化合物和醇类化合物，参见表2和表3数据，在相同（或相近似）的分子量条件下，如分子量同为44～46的丙烷（Tb=－42℃），和乙醇（Tb=76℃）相比，醇类化合物的沸点高很多。正烷烃是典型的非极性化合物，分子之间缺少粘力，故沸点较低；而对于醇类物质，分子间的羟基间可以形成氢键而具有粘力，分子间互相拉扯，因此它们的沸点明显较高。这个规律在选择醇类溶剂时具有参考价值。

表3　醇类（含氢键的极性化合物）的沸点

化合物名称	分子式	分子量	沸点（℃）
甲醇	CH_3—OH	32	66
乙醇	C_2H_5—OH	46	76
正丙醇	C_3H_7—OH	60	97
正丁醇	C_4H_9—OH	74	118
正戊醇	C_5H_{11}—OH	102	153

醇类溶剂的应用和它们的分子结构和性质有关：

（1）可以用醇取代水

醇和水具有类似的结构：H—O—H（水）　CH_3—O—H（甲醇）　C_2H_5—O—H（乙醇）

因此，对于烃基不太大的醇类（低级醇），它们应该具有和水类似的一些性质。根据相似性原理低级醇应该溶于水。如古器物表面或其中有水要除去，则可以用乙醇取代水。这种做法类似于处理出土饱水木器时，采用的"醇醚联浸法"的第一步，即用醇取代水。

（2）乙醇可用作环氧树脂粘结剂的稀释剂

环氧树脂粘结剂中有羟基、氨基等极性官能团，乙醇也有一定的极性，故从结构上考虑，乙醇可用作环氧树脂粘结剂的稀释剂，这观点也和我们多年的修复实践经验一致。无论是清洗工具上的，或者某些陶瓷器表面沾污的环氧粘结剂，可以考虑使用醇类溶剂。比较沸点适中的两个醇类溶剂（甲醇和乙醇），显然应该选用乙醇，因为它的毒性比甲醇低很多（见后文）。

3. 卤代烃

氟、氯、溴、碘同属周期表第7族的主族，被称之为卤素元素。烃类化合物中的氢原子被卤素原子取代的化合物称为卤代烃，如修复中时常提及的二氯甲烷（CH_2Cl_2），它是环氧粘结剂的拆分溶剂（溶胀剂）。另外，氯代烃还是清除油脂的有效溶剂。

常用的卤代烃的沸点列于表4中，对比分子量相近的二氯甲烷（分子量84，Tb=40℃）和正己烷（分子量86，Tb=62℃），前者的沸点比后者的低22℃；同样比较分子量相近的三氯甲烷（分子量118）和正辛烷（分子量114）的沸点，前者的沸点（62℃）比后者（Tb=126℃）低64℃，可见卤代烃的沸点比同样分子量烷烃类溶剂的沸点低（挥发性大）。

表4　常见的卤代烃和对比的正烷烃

化合物	分子式	分子量	沸点（℃）
氯甲烷	CH_3Cl	50	-24
二氯甲烷	CH_2Cl_2	84	40
三氯甲烷	$CHCl_3$	118	62
四氯甲烷	CCl_4	152	77
正己烷	$CH_3(CH_2)_4CH_3$	86	66
正辛烷	$CH_3(CH_2)_6CH_3$	114	126

上述卤代烷的挥发性大的原因可以用分子结构来解释：卤素原子攫取了电子后，明显带负电。它们或多或少地包围了碳原子，使得碳原子的表面也带负电，由于分子间出现一定的排斥力，这样分子间的吸引力减弱，故卤代烷的挥发性较大。

正是由于卤代烃的难燃或不燃的特点，除氯甲烷外，多卤代烃的储放安全性较好，甚至四氯化碳除了用作溶剂外，还用作灭火剂。它的灭火原理是，它不燃烧，沸点不高，遇到火就挥发，蒸汽比空气重，能将火焰与空气隔离，使火熄灭。四氯化碳目前特别推荐用于油类和电器的灭火。但是高温下，四氯化碳能被氧化成有毒的光气（$COCl_2$），此时必须注意通风，以免灭火人员中毒。

在卤代烃系列溶剂中，文物保护和修复实验室中不时遇到使用氯仿（三氯甲烷）的机会。这主要是这里较多使用有机玻璃（聚甲基丙烯酸甲酯）制作减压装置、整理箱、工具箱、博物馆展出文物的支架等物件。为了粘结有机玻璃片和修复上述物件，厂家常常推荐的溶剂是氯仿。氯仿的确能很好地溶解有机玻璃，但是要注意它的毒性相当大。

4. 醛和酮

醛和酮是含有羰基（>C=O）的一类化合物。在这类化合物中，修复实验室中常见的试剂有甲醛、丙酮和丁酮。

（1）甲醛（$H_2C=O$）。甲醛是气体，不可能直接用作溶剂，它的水溶液俗称福尔马林（浓度约为37%），是保存尸体的液体。但是，在新的地板材料和家具中可能含有有害的甲醛，这一点在实验室装修时应该注意。

以甲醛为例，在羰基上面氧原子上的电子密度较大（因为氧原子对于电子吸引的能力比碳原子强），故呈负电，而碳原子带正电，故分子具有明显的极性。显然分子间有吸引力,因此甲醛分子很少以单体存在,而是以一组分子组成的聚合物形式存在。

(2)丙酮(CH_3—CO—CH_3)。丙酮是最简单的饱和酮。无色易挥发和易燃的液体,由于丙酮分子具有明显的极性,所以它是带极性的聚合物的良好溶剂。有微香气味。比重0.7898,熔点−94.6℃,沸点56.5℃。燃点−17℃。是可溶于水的亲油性溶液,能与水、甲醇、乙醇、乙醚、氯仿等混合,是一种溶解范围较广的优良溶剂。丙酮蒸汽与空气混合形成爆炸混合物,爆炸极限为2.55%~12.8%(体积),属于易爆溶剂。它在修复实践中的主要用途有:

a. 对许多有机化合物都有溶解能力,能溶解油、脂肪、树脂和橡胶,修复中,丙酮用于溶解硝基纤维粘结剂、Paraloid B-72等粘结剂,故是经常使用的一种溶剂。

b. 丙酮较广泛用于上色中,它是喷涂丙烯酸酯漆料和光油的稀释剂。应该指出,在有机溶剂当中,丙酮的毒性较乙酸乙酯等溶剂小。

c. 在使用环氧树脂粘结剂后,经常需要清洗容器和修复师的手套,如果手头没有乙醇,或是希望被清洗物快干,则可使用丙酮作清洗剂。

d. 丙酮和水能够以任意比例混合,故可以用丙酮来加速湿润器物的干燥过程。

(3)丁酮。从分子结构的角度看,在酮类化合物分子的羰基中,如碳原子的正电荷向甲基扩散至多个氢原子,极性会慢慢减弱,在修复工艺中如把丙酮换成丁酮(即甲基乙基酮,见表5),其分子的极性方面会有微弱的减小,其化学性能变化不大。但是因丁酮的沸点、燃点明显高于丙酮,对于防止燃烧有利,同时对于避免喷涂时出现"溅点"有利。但是要注意丁酮的毒性比丙酮大。

表5 文物修复中常用溶剂的燃点表[1]

试 剂	分子量	沸点℃	燃点℃	易燃性级别
乙 醚	74.1	35	－40	非常危险
丙 酮	58.1	56	－17	非常危险
丁 酮	72.1	79.6	－1	非常危险
乙 醇	46.1	78	12	非常危险
乙酸乙酯	88.1	77	－4	非常危险
乙酸丁酯	116.2	126	25	有危险
苯	78.1	80	－11	非常危险
甲 苯	92.1	110	4	非常危险
二甲苯	106.1	138	30	有危险

5. 酯类溶剂

乙酸乙酯（ethyl acetate, $CH_3COOC_2H_5$）是无色可燃性液体，有水果香味，目前是修复师使用较多的脂类溶剂。其蒸汽与空气形成爆炸性混合物，爆炸极限2.2%～11.2%（体积）。目前在古陶瓷修复中主要用作喷涂上色时所用粘结剂（丙烯酸酯或者硝基清漆等）的稀释剂，同时乙酸乙酯还可用于做Paraloid B-72、B-67、B-44等粘结剂的溶剂，也是多种紫外吸收剂的溶剂。动物毒性试验中，兔子吸入一定量乙酸乙酯时，引起贫血、白细胞增加，故仍需避免过多接触。如果气温不高，喷涂时没有"溅点"等弊病，笔者建议尽量使用丙酮代替乙酸乙酯。当然，在条件允许的情况下，最好逐步使用水为介质的上色工艺，则乙酸乙酯的使用量还能大量减少。

---

[1] 解一军、杨宇婴编：《溶剂应用手册》，化学工业出版社，2009年。

除乙酸乙酯外，乙酸戊酯常常被推荐用于清除器物清洗后出现的白花（white bloom）[1]。

6. 有机酸类溶剂

（1）甲酸（formic acid，HCOOH）。甲酸具有强烈的刺激气味，能伤害人们的呼吸系统和眼睛。操作时必须在排风的条件下工作，带上手套、眼镜等防护用具。在古陶瓷修复中主要用于拆分已经修复过的器物，即让粘结剂（如环氧粘结剂）溶胀，再施力拉开碎片。有报道称，甲酸可用于清除氯化银和铜的锈蚀产物[2]。

（2）乙酸（acetic acid，CH_3COOH）。浓乙酸有刺激气味，也会刺激皮肤，引起溃疡和皮炎。笔者曾经使用8%乙酸，处理过一个宋代五系黑釉陶罐，该器物在浙江沿海出土，上面布满珊瑚，器物的面目不清，不能展出。注意，在清洗工作基本快结束时，留下少量的珊瑚，作为该器物历史的见证。用乙酸浸泡法清除珊瑚的效果令人满意（见图1、图2），清洗后需要用纯净水反复浸泡，直到器物没有刺激气味为止。由于带有珊瑚的样品数量较少，目前笔者在等待更多的样品，以便比较其他酸清除珊瑚的效果，得出进一步的结论。考虑到珊瑚的主要化学成分是碳酸钙，清洗珊瑚时的化学反应为：

$$2CH_3COOH + CaCO_3 \longrightarrow Ca(CH_3COO)_2 + H_2O + CO_2 \uparrow$$

反应式中因为生成的二氧化碳逸出，器物表面不断发生气泡，且化学反应可彻底进行，如不及时取出器物，珊瑚将彻底清除，无法留下历史痕迹。

---

[1] S. Buys & V. Oakley, *Conservation and Restoration of Ceramics*, Butterworth Heinemann, 1999, pp.184–187.

[2] Museum & Galleries Commission, *Cleaning*, Routledge, 1992, pp.61–71.

图1 宋·五系釉陶罐（清洗前）　　图2 宋·五系釉陶罐（清洗后）

三、选择溶剂的四个原则

为了较全面地考虑溶剂筛选问题，修复师应该审视多方面的关系，如溶质和溶剂的关系，溶剂和环境的关系等。在本章节中，笔者尝试从下面四个方面展开评述选择溶剂的原则，即：（1）相似性原理；（2）溶解度参数；（3）溶剂的易燃性；（4）溶剂的毒性。根据原则（1）（2），人们可以知道该试剂能否用作溶剂，根据原则（3）、（4），人们可以从众多适用的溶剂中，选择较安全者。

1. 相似性原理（principle of like dissolves like）

相似性原理有时被称之为相似性溶解定律。在修复以及生活实践中，经观察就可知，无论在器物上或在我们修复师手上氯化钠等某些无机盐沾污，可以用水溶解和清洗掉，但是这些盐不能用苯或者汽油洗掉。同样，如果我们的器物上沾污的是油迹，则用水洗不掉，而能用苯或者汽油洗掉。其中的原因是，氯化钠等盐是典型的极性化合物，水是极性的溶剂，可以溶解它；而苯等非极性的溶剂只能溶解非极性的油迹。这就是溶解的"相似性原理"。

众所周知，从化学键的类别出发，化合物（含溶剂）可分为极性和非极性物质两大类：

（1）非极性溶剂。化合物中的化学键仅有很弱的范德华斯吸引力，如C—C键，以及对称的C—H键的吸引力。

（2）极性溶剂。除开范德华斯吸引力，原子间还因为不相等的电荷分布，有较强的静电吸引力，如羟基和羰基等。

可见相似性原理认为，极性溶剂可溶解极性的溶质，而非极性的溶剂只能溶解非极性的溶质。

相似性原理应用实例：

（1）考虑到水是明显具有极性的溶剂，蔗糖、乙醇、甘油和某些无机盐溶解于水，因为这些物质中含有极性的羟基（OH^-），是极性物质，而某些无机盐（如氯化钠、硫酸钠、硝酸钠等）是离子键型的化合物。

（2）非极性分子，如脂肪、油类、固化后的光油、油漆、焦油（tar）和某些霉斑（meldew stains），不能选用极性溶剂——水，而要选择非极性溶剂，如苯或己烷。

（3）在夏天做喷涂上色，如果室内不能做到较理想的温度调节，使用的丙酮溶剂挥发性太高，可能出现"溅点"，不能得到均匀铺开的薄层，根据相似性原理。可以在丙酮系列中选择丁酮代替丙酮。同样，如果使用乙酸乙酯做溶剂，不能避免"溅点"，则可以考虑用沸点较高的乙酸丁酯代替乙酸乙酯。

相似性原理可以帮助修复师选择一些相对较简单的物质的溶剂。但是，对于粘结剂的主体——高分子化合物（或称聚合物），由于它们的结构较复杂，相似溶解定理就显得不够了，这时需要引入新的概念——溶解度参数。

2. 溶解度参数（Solubility Parameter）

由于作为高分子化合物的粘结剂分子巨大，有时同时含有极性较大和极性较小官能团，难以直接使用相似性原理选择溶剂，学者推出了分子间作用力相近的原理，即溶质间的相互作用力和溶剂分子间的相互作用力以及溶质分子和溶剂分子间的作用力大致相等,则很容易发生溶解。反之,如果溶质分子间的作用力明显大于溶剂分子间的作用力,或者溶剂分子间的作用力明显大于溶质分子间的作用力,需要外界提供能量,才能完成溶解过程。这种分子间作用力的强度,可以用内聚能密度(CED)来表征。于是可定义溶解度参数 δ 为:

$$\delta = CED^{1/2} = (\Delta E/V)^{1/2}$$

式中 ΔE 为内聚能,V 为体积。查表[1]得聚合物和溶剂的溶解度参数,原则上二者相差在正负1.5以内,则可能溶解。例如,按照溶解度参数值,作为环氧树脂粘结剂的拆分剂,可以选用二氯甲烷。

3. 溶剂的易燃性(Flammability)

易燃性化学试剂应该按照易燃性分级,目前考虑试剂易燃性的主要方面是:

(1) 很多无机试剂是不易燃烧的,例如铅白、钛白粉、朱砂、石青、石绿、赭石等无机颜料就是这样的例子。但是在有机试剂当中,除少数的卤化溶剂(如CCl_4等),所有的有机溶剂都是易燃的。

(2) 对于任何溶剂,燃烧总是在空气和它的蒸汽的混合物中发生的,挥发性强的溶剂是更加容易点燃的。在选择溶剂时,应该考虑它们的燃点,即液体上端火焰引起蒸气点燃的最低温度,见表5。

一般认为,燃点在21℃以下的溶剂被认为是非常危险的;燃点在32～21℃之间的溶剂是易燃或有危险的。

值得注意,表5中所列的全部溶剂的分子量均大于空气的平均分子量29,故使用的这些溶剂时它们的蒸气分子可能沿地面爬行,所以在实验室内使用它们时,任何地方都不能出现明火(含抽香烟),否

---

[1] C.V. Horie, *Materials for Conservation*, Butterwords, 1987, pp.54, 186–189.

则极有可能引起火灾或爆炸。

总之，从防火和防爆的角度考虑，在适用的有机溶剂中应选用燃点较高者。同时注意，开启排风机可降低易燃溶剂在现场的浓度。

4. 溶剂的毒性（Toxicity）

关于试剂毒性的知识和研究关系到修复师和周围人群的健康，在文物修复过程中使用的很多试剂，特别是溶剂当中，毒性较大者颇多。故应该了解溶剂的毒性大小，合理选择溶剂，使得对操作者的危害降到最小。遗憾的是，在古陶瓷修复的文献中，仅发现在 S. Buys 的专著[1]中，提及不多的几种溶剂的毒性指标，连乙酸乙酯和乙醇这样一些最常用的溶剂的毒性数据也没有列出，也没有看到相关评述，讨论如何结合修复实践，提出有效的防护措施，这显然是有待改善的。至于中文的古陶瓷修复文献中，至今没有发现讨论溶剂毒性问题的报道。

文物保护和修复界评价溶剂毒性的指标是 TLV（Threshold Limit Value）即阈极限值，也就是在空气中溶剂蒸汽的最大允许浓度的推荐值，用其单位为百万分之几，缩写为 ppm（parts per million），也就是在一立方米空气中，溶剂蒸气的毫升数（见表5）。如没有补充说明，TLV 值适用于一般工作状态，即修复师每周工作5天，每天工作8小时。有学者认为，如果接触溶剂工作时间比一般上班工作时间少很多，可以引入校正系数，即 8小时 TWA（8 hrs, Time Weighted Average, 8小时时间加权平均值）和 10分钟 TWA（10 minutes, Time Weighted Average, 10分钟时间加权平均值）。这里需要明确：

$$8小时\ TWA = TLV$$

同时有下列近似等式：对于多数溶剂，10分钟 TWA=1.25～1.5TLV。

---

[1] S. Buys & V. Oakley, *Conservation and Restoration of Ceramics*, Butterworth Heinemann, 1999, pp.184–187.

可见由于一天内操作时间较短（仅10分钟），因此可适当放宽对于阈极限值。至于具体到每一种溶剂的10分钟TWA值,清查阅H. Kühn 的文献[1]。

学术界根据三个方面的数据确定阈极限值,即动物实验（经常是白鼠和兔子）、操作人员对于溶剂的生理反应（如白细胞浓度的变化等）和同族化合物毒性的数据类推。

关于如何表征溶剂毒性,现今在学术界还使用另一指标,即溶剂致死剂量LD（limited dose）的LD_{50}。LD_{50}指某一剂量,在4小时期间可导致50%动物死的剂量,以毫克/公斤（mg/kg）为单位,即一公斤重的白鼠允许摄入的溶剂量（毫克）,此摄入量比较检测空气中溶剂浓度引用时有所不便,如需要增加动物体重的折算工作,故笔者认为使用TLV指标比使用LD_{50}方便。从表6的数据看,TLV和LD_{50}给出的毒性大小次序基本一致,笔者认为,作为修复师首先应该关心的是,选择毒性较小的溶剂,故优先推荐使用环境溶剂浓度TLV指标,在TLV指标数据不足时,参考致死剂量LD_{50}。

表6　几种常用溶剂的阈极限值（TLV）致死剂量（LD_{50}）数据

溶　剂	TLV（ppm）[2]	LD_{50}（mg/kg）[3]
二氯甲烷	100	1 600～2 000
氯　仿	10	908
甲　酸	10[4]	1 100

---

[1] H. Kühn, *Conservation and Restoration of Works of Art and Antiquities*, Vol.1, Butterworths 1986, pp.236-238.

[2] C.V. Horie, *Materials for Conservation*, Butterwords, 1987, pp.54, 186-189; H. Kühn, *Conservation and Restoration of Works of Art and Antiquities*, Vol.1, Butterworths 1986, pp.236-238.

[3] 解一军、杨宇婴编:《溶剂应用手册》,化学工业出版社,2009年。

[4] A. Weissberger & E. Proskauer, *Organic Solvents, Phisical Properties and Methods of Purification*, Interscience Publications, 1955.

(续表)

溶 剂	TLV（ppm）	LD_{50}（mg/kg）
乙酸	/	3 530
苯	10	3 306
甲苯	100	5 000
甲醇	200	5 628
乙醇	1 000	7 060
丙酮	750	5 800
丁酮	200	5 800
乙酸乙酯	400	5 620
乙酸丁酯	150	13 100[#]
纯水	浓度无任何限制	浓度无任何限制[##]

[#]笔者觉得此值似乎偏大,待进一步查实。
[##]在空气中水汽的含量不可能超过给定温度下的饱和含水量qs,同时还应该考虑器物保存的最佳相对湿度(对于陶瓷器 RH=50%～65%)。

下面需要结合表6的应用,展开一些讨论:

(1) 表6中的毒性指标,无论是阈极限值(TLV),还是致死剂量(LD_{50}),数值越小者,溶剂的毒性越大。凡是TLV小于100 ppm的溶剂为高毒性的试剂,在100 ppm～500 ppm范围内的溶剂为中毒者,大于500 ppm的是低毒者。

(2) 溶剂对于人们的毒害实际上和修复师的身体条件有关,如和他的年龄、免疫力和对试剂的敏感度有关,这一点在毒性指标TLV中没有反映。但是这些因素太复杂,难以精确引入,只强调接触同样的溶剂浓度,对人的影响可能因人而异。

(3) 表6中的有机溶剂全部有毒性,使用时空气中的浓度应该严格按照TLV值控制。在一切修复步骤之中,能够使用水作为溶剂

（含稀释剂等用途），尽量采用水，而不是其他任何有机溶剂。

（4）作为未固化的环氧树脂粘结剂的稀释剂和清洗剂过去文献中推荐是丙酮[1]，也有单位曾经使用香蕉水等毒性还要大的溶剂，我们推荐和长期使用乙醇，多年来我实验室的修复实践证明，乙醇完全能够胜任稀释剂和清洗剂的功能，此举减少了丙酮等毒性大和可燃性高的溶剂的使用量，实验室的环境得到改善。

（5）除使用水作为溶剂，使用其他溶剂时原则上都要有防护措施（如开启排风柜、操作者戴塑料手套和戴口罩等），但是注意口罩不能吸收分子态的有机溶剂，故更加重要的防护措施是开启排风柜。

（6）使用表6的数据时，应该注意TLV等生化指标因不同的作者测试，可能会有正常的实验误差出现，例如在表6中，笔者引用的是Horie的数据，丙酮的TLV值为750 ppm，但是Kühn同样对于丙酮的TLV值为1 000 ppm。出现类似情况时，笔者愿意引用发表较晚的数据。如果几乎同时发表的数据，笔者推荐引用TLV值较小者，以便采取更加严格的防护措施。

（7）当前各国溶剂允许量和衡量溶剂毒性的指标并不相同，尚待进一步的统一和标准化。阈限极限值（Threshhold Limited Value）在美国的文献中使用，专业暴露极限（Occupational Exposure Limit）在英国使用，最大工作场所浓度（Arbeitsplatz-Konzentration）在德国使用。可见，关于溶剂毒性指标迫切有待国际标准化。

笔者注

本文为首次发表。

---

[1] Lesley Acton & Paul McAuley, *Repairing Pottery & Porcelain: A Practical Guide*, Second Edition, The Lyons Press, 2003, p.74.

《古陶瓷修复基础》作者评述

杨植震　俞蕙

　　《古陶瓷修复基础》(俞蕙、杨植震编著，复旦大学出版社，2012年出版)共14万字，159页，包含11个章节：前言、古陶瓷修复的环境设施、检查与记录、清洗与拆分、拼接与加固、配补、上色(一)、上色(二)、出土陶瓷器的现场保护和修复、陶瓷器的保存与养护、古陶瓷修复材料等。该书2012年第一次印刷，2014年修改后第二次印刷，2015年获评上海市普通高校优秀教材奖。

　　该书的特点可以归纳如下：

　　1. 根据《威尼斯宪章》等国际通行的文物保护法则，该书较详细评述目前文物保护和文物修复中必须遵行的8项准则，即检查与诊断、稳定性、相容性、可逆性、可读性、文档记录、最小干预和预防性保护。考虑到目前国内一些文物保护和修复实践，明显违反可逆性和最小干预性等原则，强调上述准则具有较大的现实意义。同时，该书引用和列举了当前国内外现有的主要文献和网站，使本书具有广泛国际交流和现代的气息。

　　2. 该书总结了复旦大学自1993年起至今近二十年的《古陶瓷修复》课程的经验，含必要的实验设备、药品等，为开展相关的教学和科研工作提供参考。并且,在复旦大学古陶瓷修复多年实践的基础上,报告了部分复旦大学古陶瓷修复方面的研究结果,其中需强调的是:

(1)推荐乙醇为环氧树脂粘结剂的稀释剂,取代文献中使用的丙酮等毒性较大的试剂(《古陶瓷修复基础》,第95页)。鉴于环氧树脂粘结剂至今仍旧是修复瓷器等文物的主要粘结剂之一,稀释剂乙醇的使用为改善修复室的环境具有重要的意义,此项成果可望得到推广。

(2)在拆分环氧粘结剂时,推荐两种方法(第51—52页):1. 在150～200℃之间(多数情况下,实为约160℃下加热,在用力拉开碎片可以拆分);2. 用甲酸作为环氧树脂的溶胀剂。这样,在没有二氯甲烷和Nitromore等进口溶胀剂的情况下,可以选用常见的甲酸浸泡,再施力拆分。这些新的研究结果对拆分工艺是有力的贡献。

(3)在配补工作中,在修复界首次提出需要考虑配补材料的线性热膨胀系数(第75页),指出环氧树脂粘结剂的线性热膨胀系数比较陶胎大许多倍,在使用不当时,温变可能导致器物胀破,由此提出大面积填补时必须使用适当的填料等观点(第75页)。显然,此观点在进行填补陶瓷器乃至木器、石器时,有重要的价值。

(4)在实验室研究的基础上,对于陶器等上色技术,在国内较早推荐使用以水为介质的丙烯画颜料(第115—118页),由此可以明显改善修复室的环保条件和提高上色的速度(详见本书《古陶瓷修复的上色材料和工艺》一文)。今后我们还会报道,丙烯画颜料在瓷器上色时,也有重要的应用。

(5)关于用于大面积配补的沙堆放样法(第86—87页),此方法的研究是笔者实验室在国际会议上所作的报告内容(详见本书《浙江竹柄陶豆的修复及沙堆放样法的应用》)。本书简要总结此方法的操作步骤和要点以及其优缺点,指出沙堆放样法用材简单、操作快速是考古现场等配补时十分实用的工艺。

（6）关于使用丙烯酸酯光油，书中指出，所形成的仿釉层的硬度较小，是当前修复工艺中需要解决的一个突出问题，书中为改善这一难题，提出使用聚氨酯和丙烯酸酯光油混合使用（第145页），这也是能够提高仿釉层的硬度的有效方法之一，也是我实验室的一项重要的科研成果（详见本书《关于提高丙烯酸光油仿釉层硬度的研究》一文）。

（7）关于古陶瓷器物的保护的论述占据在书中有两个章节（第九章和第十章），其中评述了国外考古发掘现场保护要点，推荐一些国内适用的运输包装材料。联系到国内有关器物保护的论述很少有记载，而常见在运输过程中一些古陶瓷器物的损坏，这部分材料对于保护古陶瓷具有现实和重要的意义。

笔者注

本文为首次发表。

第四章

古陶瓷修复技术在修复其他文物中的应用

高山族腰刀的材质分析与修复

俞蕙　杨植震

一、引言

20世纪三四十年代，复旦大学刘咸教授等人收集了一批珍贵的台湾高山族民俗文物，现藏于复旦大学博物馆。这批文物虽然历史并不悠久，但是其数量之多、种类之丰富在大陆同类收藏中屈指可数，为研究高山族经济生活、工艺技术、文化风俗乃至宗教信仰提供了可靠的实物资料。尤其是台湾高山族原生态文化逐步消失的今日，这批珍稀藏品在人类学或民俗学等领域的研究价值更为突出。

在这批文物中，有几十件制作精良、造型独特的排湾族腰刀颇受瞩目。这些腰刀由金属刀身和木质刀鞘组成，刀鞘的尾端勾起，表面浮雕着人像、人面或排湾族的图腾——"百步蛇"，刀鞘的另一边是镂刻花样的铜质围板，木质刀柄镶嵌有形状不一的金属钮，组成美观的几何花纹（见图1）。高山族腰刀又称"番刀"，既是男性的武器又是生产和生活工具，外出时佩带可御敌防兽、采薪伐木[1]，而且精致

---

[1]　陈国强、田富达：《高山族》，民族出版社，1988年。

考究的腰刀对主人而言,还具有夸耀武功或者表明身份的特殊意义,在同时代高山族的木板雕刻品中,常出现佩戴这类腰刀的形象。因此无论从实用的角度或者所体现的象征意义来看,都不难发现腰刀在高山族男性的社会生活中扮演了多么重要的角色。

图1　高山族腰刀外貌

为了对这些珍贵文物进行合理的保护,我们必须准确了解文物各部分的组分。近年来,使用现代分析测试手段对文物进行研究的尝试越来越多,不仅加深了对文物质地及其败坏机理的研究,有利于选择适当的修复材料和工艺,而且分析所得的信息也能促进对文物制作工艺、来源等问题的研究,拓宽文物研究的深度和广度。因此我们选择了质子激发X荧光光谱分析法(PIXE),首次对高山族的刀体及部分金属钉的材料组分进行无损分析,获得了一些比较有价值的信息。

此外,刀体的锈蚀也有所增多,因为自然老化等原因,一部分腰刀的木质刀鞘出现了少量的破损和开裂,一定程度上威胁到文物的安全,也不利于文物的展览和拍摄,因此我们分别对高山族腰刀的刀体和刀鞘采取了相应的保护和修复措施:一是使用缓蚀剂对刀体进行防锈处理;二是修复木质刀鞘的裂缝和缺损,恢复文物的原貌。铁质和木质文物的保护是许多博物馆面临的现实问题,希望本文能推动这方面的研究。

二、腰刀金属成分的PIXE分析

质子激发X荧光光谱分析法（PIXE）是考古研究中强大的分析测试方式。首先，PIXE适用范围很广泛，包括金属及其合金（金、银制品，青铜）、陶瓷及釉、玻璃、颜料、字迹、印泥等。其次，PIXE可同时对多种元素做定性、定量的分析，便于从多方面来对样品进行判断，且灵敏度高、分析快速[1]。借助PIXE提供的有关文物组分的信息，进而选定适当的修复材料等。2001年我们使用美国NEC公司生产的PELTRON-QSDHZ型串列静电加速器对两把高山族腰刀的刀体和刀鞘上的金属饰钉进行了组分分析，测量能级为3 MeV。实验共测试了1#腰刀的刀体（A）和一个装饰钉（a1），2#腰刀的刀体（B）和三个装饰钉（b1、b2、b3）共六个对象（见表1）。考虑到金属材质可能不够均匀，所以刀体和装饰钉都选用了多个不同位置的点进行测试以保证测试结果的准确。平行样品的数据彼此基本重复。

表1 腰刀饰钉组分一览表

饰钉编号	主要成分	其他成分
1#腰刀的饰钉a1	铝	硫、氯、锰、镍、钙、钾
2#腰刀的饰钉b1	铜、锌（黄铜）	硫、氯、锰、镍、钾、钙、铁、硅
2#腰刀的饰钉b2	银、铜	铁、锌
2#腰刀的饰钉b3	银、铜	铁、锌

实验结果如下：

（1）两把腰刀皆以铁为主，另外有少量硫、钙等杂质，铜和铬的含量都不超过0.1%。

---

[1] 曾宪周、任炽刚：《PIXE在考古学中的应用》，《文物保护与科学》，1989年第1期。

(2)四个饰钉的组分基本为:

A. 1#腰刀的饰钉a1:铝(Al)为主(见图2)。

B. 2#腰刀的饰钉b1:铜(Cu)、锌(Zn)为主,应为黄铜(见图3)。

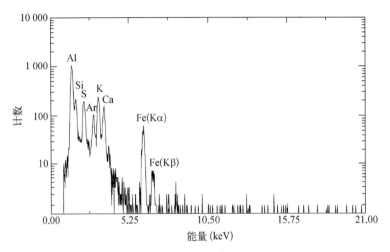

图2 铝饰钉PIXE图谱(1#腰刀的饰钉a1)

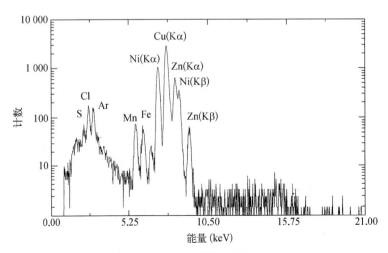

图3 黄铜饰钉的PIXE图谱(2#腰刀的饰钉b1)

C. 2#腰刀的饰钉b2：银（Ag）、铜（Cu）为主，其次为铁（Fe）、锌（Zn）。（见图4）

D. 2#腰刀的饰钉b3：银（Ag）、铜（Cu）为主，其次为铁（Fe）、锌（Zn）。

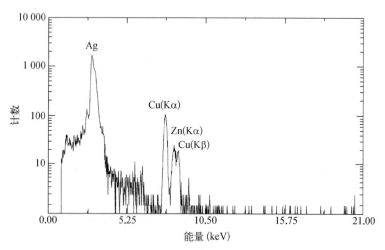

图4　银铜合金饰钉的PIXE图谱（2#腰刀的饰钉b2）

三、高山族腰刀的保养与修复

1.铁质刀体的保存状况与保护措施

铁质文物的保护，主要面临的是防锈、除锈的问题。铁具有活泼的化学性质，极易与环境中的氯化物、水分发生化学反应生成铁锈。生成的腐蚀物结构疏松，似鳞片状地脱落，如得不到及时的保护，器身的锈蚀会不断深化，最终导致铁器的彻底败坏，因此许多古代铁质文物很难保存到现在。

长期以来，由于这些腰刀处在复旦大学博物馆较好的环境条件下，刀体质地坚硬，表面锈蚀程度不严重。为了保留文物的原貌，决定在不妨碍外观欣赏的前提下，部分保留表面的锈蚀。但是避免铁器继续遭受腐蚀的威胁,则采用了铁器缓蚀剂BTA对刀体进行处理,通过封护铁器表面,增强防水性,从而提高抗腐蚀的能力。BTA(苯并三氮唑)过去多用作铜缓蚀剂,实践证明:BTA在较低浓度时对低碳钢具有较好的缓蚀作用,且具有低毒性、较易购置等特点,是一种实用的铁器缓蚀剂[1]。尤其是对铜柄铁身的刀剑而言,使用BTA可以一次完成对铜铁两种金属的保护,方便实用。近年来,一些博物馆均已采用了BTA溶液作为铁器文物的缓蚀剂。缓蚀保养的要点是:

(1)实验器材:搪瓷盘(容量以可以放置文物为准)、化学实验用的铁架、烧杯、天平、量筒、玻璃棒。

(2)实验试剂:C.P.级苯并三氮唑、乙醇。

(3)操作步骤

A.用细砂皮轻轻擦去刀体表面腐蚀比较严重的铁锈。

B.配制BTA溶液。将苯并三氮唑溶于乙醇,制成3%的溶液。

C.将腰刀放入搪瓷盘,注入BTA溶液,令其完全浸没器物,浸泡30分钟。

D.取出腰刀后竖直摆放(利用铁架固定),直至沥干多余溶液。这样做是为了避免酒精挥发后,刀体表面形成BTA白斑。

2. 木质刀鞘的修复

木器对环境的湿度很敏感,尤其在相对湿度波动很大时,容易出现开裂或变形的现象。但是,"如果裂缝不十分影响外观,最好还是保持原状,因为当周围环境的相对湿度波动时,木头有移动的余地。当木器上的裂缝必须修复时,应选择适当的填料。如果细缝用木屑填入,应当选择文物木质更软、更易变形的木头。这样在湿度提高

---

[1] 杨植震、白梁、沈兵等:《铁器文物的缓蚀研究——苯并三氮唑对低碳钢的缓蚀作用》,《复旦学报》,1994年第5期。

时,裂缝不会再张开"[1]。值得一提的是,切忌不可用纯的环氧树脂等热膨胀系数比木头大很多的材料作为填料,因为当外界环境温度升高时,木器会承受不了环氧树脂膨胀产生的胀力而受损。所以这次修复尽量采用热膨胀系数与木器相差不多的木屑和虫胶作为填料和粘结剂。

修复前,腰刀刀鞘上有三处小面积的凹坑(直径3毫米、深3毫米)和一条浅裂缝,镶在刀鞘周围的铜箍有一段与刀鞘脱离,需要重新粘结归位。裂缝和铜箍可用AAA(环氧)胶粘结,然后用绳子扎紧固定,使细缝并拢如初,铜箍恢复原位。而小陷坑用粘结剂和填料填平。因为小坑和裂缝处于刀鞘正面的显著位置,修复要求也更高,我们进一步对其进行包括上色和作旧在内的陈列修复。 修复实验要点如下:

(1) 修复工具:毛笔、手术刀、$0^{\#}$木砂皮、牛角刀、药匙。

(2) 修复材料

A. 20%虫胶溶液:虫胶粘结剂是一种天然树脂。粘结力适中,性质温和,具可逆性,色泽与刀鞘木材的颜色比较接近。

B. 两种木屑:a. 60~80目;b. 小于80目。制作方法:用锉刀或锯子制备木屑,再用筛子筛两种目数的木屑。

C. 粉状颜料:哈巴粉及深红、紫红、碳黑、深灰等颜料。哈巴粉是以氧化铁为主要成分的粉状颜料,用于各种木材着色。不同品牌的哈巴粉有一定程度的色差,调色时可以配合使用。

D. AAA环氧超能胶。

(3) 修复过程

A. 填补:用60~80目木屑填坑,滴入20%的虫胶溶液,在撒上

---

[1] Hermann Kuln, Translated by Alexandra Trone, *Conservation and Restoration of Works of Art and Antiquities*, Butterwords, 1986.

小于80目的木屑。使表面更加平整。如有凸出的部分，可用0$^\#$木砂纸打平。

B. 上色：AAA超能胶渗入适量的哈巴粉或其他颜料粉，调配出接近木质刀鞘的颜色，然后用笔涂在表面。结束前，涂抹少量灰粉，使之与四周木器表面的颜色相吻合。待完全固化后，用手术刀刮平表面。

C. 上光（作旧）：修补的部分缺少古旧木器表面的光泽，可用虫胶溶液在表面薄薄地上一层，或用蜡烛涂擦修复表面以增强光泽。为了修复的更为逼真，最后可用细毛笔蘸虫胶液和碳黑画出木材的木纹。

四、结论

质子激发X荧光光谱分析结果表明：高山族腰刀为铁质刀体，金属饰钉是包括铝、银铜合金、黄铜等多种金属，材质差异很大。这些信息可以帮助我们针对文物不同的金属部位选择恰当的保护手段和修复材料，更合理地保护文物。实验表明，不同腰刀的饰钉所用的材料不同，甚至同一把腰刀也有几种材料的饰钉，再加上这批腰刀彼此的形貌、尺寸相差很大，我们有理由推测，这些腰刀的生产方法非批量生产，而是手工制作。

腰刀修复前，刀体有明显的大面积锈斑，刀鞘表面有几处缺损和开裂。经过BTA处理，刀体表面已形成了一层防护膜，不影响刀体的外观且操作简单便利。刀鞘修复主要使用了环氧树脂、虫胶粘结剂、木屑和哈巴粉，修复处和周围部分的颜色接近，光泽自然，再加上适当的作旧，手摸上去也无不平整的感觉，修复效果比较令人满意。

此外，其余高山族腰刀的PIXE分析，刀柄木材的鉴定及饰钉的修复有待进一步的工作来完成。

鸣谢：在完成本文PIXE分析的实验中，得到复旦大学现代物理所承焕生教授的指导，在修复工作得到复旦大学文物与博物馆学系王玮、王畅、胡俊、王正等同学的帮助，在此一并表示感谢！

笔者注

1. 本文发表于《东南文化》2003年第7期，第95—97页。
2. 由于首次发表时没有收入腰刀饰钉的PIXE图谱，这次补上发表，以求信息的完整。

玉器修复工艺初探

杨植震　王　荣　巩梦婷

一、引言

由于古玉器在人类历史研究中的重要性,它们在文物界和收藏界一直受到高度的重视。玉器质地细腻温润、致密坚韧,常具油脂光泽。优良的天然玉矿相对稀少,由于硬度高,韧性强,所以加工较难。玉器历来在装饰、佩戴、祭祀和礼仪等方面具有重要的应用,且作为高雅、地位的象征,它的售价历来相对较高或很高。古人说,"宁为玉碎,不为瓦全",就是对于玉器的赞美。总之,玉器是一种重要的器物。但是,玉器质脆,在冲击力的作用下,容易断裂。复旦大学文物保护实验室过去多次遇到玉器修复的任务,说明玉器的修复仍然是文物修复的重要方面。本文报告一件民国翡翠手镯修复的全过程,修复的结果基本达到陈列修复的要求,修复是成功的。

目前对于破碎玉器修复的文献,在期刊数据库(CNKI、万方等)和高级搜索器(如百度、AATA等)中,笔者均未找到含具体修复步骤的文献,可见玉器修复仍是修复技术中的一块空白,填补这一空白具有明显的重要性和迫切性。

过去笔者遇到的玉器修复，都是碎成两块的玉手镯，拼接较简单。在修复这些器物的实验表明，使用AAA超能胶（环氧树脂粘结剂）能够粘结玉器的碎片。在常见的各类粘结剂中，环氧粘结剂的粘结强度（或称抗拉强度）比较丙烯酸、聚乙烯醇缩丁醛等粘结剂大（见表1）[1]，理应优先考虑用作玉器修复的主要承力粘结剂。但是，由于环氧粘结剂的固化周期在室温下一般要24小时，因此，为了在粘结剂固化时间里，碎片的相对位置不要移动，可以考虑使用快速粘结剂（我们称此类粘结剂为过渡胶）让部分碎片相对位置对准，再从拼接的缝隙中渗入环氧粘结剂，让其固化。待环氧粘结剂固化后，可达到准确和牢固的拼接的效果。

表1　几种修复用粘结剂的抗张强度

粘结剂	抗张强度（公斤/平方厘米）*
环氧树脂粘结剂	980～2 100
聚乙烯醇缩丁醛	450～550
甲基丙烯酸甲酯	653～700

*参见郭钟福、郭玉英编：《合成树脂手册》，上海科学出版社，1986年，第163、23、80页。

为了进一步提高环氧粘结剂的抗张强度，文献中不乏研究报告[2]，一般认为适当提高固化温度，能够有效提高粘结剂的抗张强度。为此，可以通过合理提高固化温度来达到提高修复质量的目的。

---

[1] 郭钟福、郭玉英编：《合成树脂手册》，上海科学出版社，1986年。

[2] E.G. Karayannidou, D.S. Achilias & I.D. Sideridou, "Cure Kinetics of Epoxy-amine Resins Used in the Restoration of Works of Art from Glass or Ceramic", *European Polymer Journal*, No.12(2006), pp.3311-3323；梁宏刚：《青铜文物修复中合成高分子胶粘剂的应用研究》，复旦大学硕士学位论文，1996年。

二、器物情况及修复要求

1. 待修复的玉器的外貌：器物材料属于灰绿色翡翠，纹饰不均匀，透明度良好。经专家鉴定，器物属于民国时期的。

2. 器物尺寸：外径8.5厘米；内径7.5厘米；高度1.2厘米；厚度1.0厘米。

3. 器物损坏情况：器物断为4块碎片（见图1）。预拼时发现器物或缺的不多，在几个拼接面上，大约缺少直径约为0.5毫米的小块，需要配补。

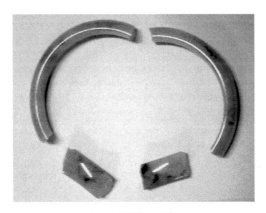

图1　待修复的器物

4. 修复要求：根据各方面的要求和条件，决定修复应基本达到陈列修复，即在远处看不见修复痕迹。

三、修复方案

针对待修器物，我们设计主要粘结剂为AAA超能胶（环氧树脂粘结剂），其修复步骤如下：

1. 使用黑色记号笔对器物碎片进行编号,得到1、2、3、4四个碎片。使用过渡胶拼接全部四个碎片,其拼接结面为1-2(1号和2号碎片粘结面以下类似),2-3,3-4,但是留下一个拼接面4-1不粘结。此时利用粘结面1-2,2-3,3-4的弹性,可以在1-4拼接面中插入一根直径为2.1毫米的牙签(见图2)。

2. 使用环氧粘结剂粘结最后一个粘结面。

3. 采用环氧粘结剂和乙醇混合液,从1-2,2-3,3-4三个粘结面的侧面表面渗透到粘结面里面,使之粘结强度得到增加。

4. 采用加热手段,提高各粘结面的抗拉强度。

图2 在修复中的器物(牙签所在处,为待拼接的粘结面)

四、修复中需要研究的问题

面对此次破碎严重的器物,显然有如下问题需要研究:

1. 碎片固定方法:由于环氧粘结剂固化时间较长,为了避免碎片在拼接时错位(碎片没有对准)。特别是碎片较多的器物,在拼接过程中必须使用适当方法,以固定碎片的相对位置。由于玉器的几何尺寸较小,手镯的表面曲率大,常规修复瓷器的玻璃胶带和热熔胶固定都有所不便,需要寻找新的固定方法。

2. 当大部分碎片的相对位置固定后,最后一个待粘结的拼接面仍旧需要借重AAA环氧粘结剂来完成[1]。但是,是使用没有任何填料的AAA环氧粘结剂,还是使用它的面团？若使用面团,还需通过实验,最后确定面团的浓度。

3. 鉴于大部分粘结面依靠190丙烯酸粘结剂和环氧粘结剂两种拉力维持。由于环氧粘结剂渗入粘结面的量可能较少,最好采用适当提高固化温度,来提高环氧粘结抗拉强度。

五、实验步骤

1. 预拼:对于该器物的4个碎片,使用黑色记号笔进行编号。初步量出器物的尺寸:器物的直径、高度和厚度。测出4个碎片最远两端的直线长度为:1号——2.5厘米;2号——3.1厘米;3号——7.0厘米,4号——6.3厘米。预拼时发现由于少量缺失,需要进行配补。

2. 清洗:碎片表面较干净,用蘸乙醇的棉花球擦一下碎片的表面,就可转入下一工序。

3. 拼接:选一张表面平整的桌子,铺一张白纸。让所有的碎片按照粘结次序,平放在白纸上。拼接的具体步骤又分为:

（1）过渡胶拼接:对于1-2,2-3,3-4三个粘结面,使用适合的过渡粘结剂,初步固定几个碎片,待最后一个粘结面4-1使用永久性粘结剂AAA环氧粘结剂,固定1号和4号碎片后,再作处理。

关于过渡胶,我们首先考虑古陶瓷修复中使用的过渡胶PVB（聚乙烯醇缩丁醛）,使用此粘结剂后,只需加热到50℃,即可对已经

---

[1] 杨植震、余英丰、俞蕙、杨鸥、詹国柱:《湿度变化对环氧粘结剂固化影响的研究》,广西壮族自治区博物馆编:《广西博物馆文集（第五辑）》,广西人民出版社,2008年,第197—199页。

粘结的碎片位置进行微调。但是实验证明,此粘结剂固化后仍旧不能粘结本器物的碎片。不得已,之后我们决定试用190丙烯酸(190光油)作为粘结剂,经观察,在半小时后稳稳固定了上述的三个粘结面(见图2)。如发现粘结的碎片间有错位,可以使用丙酮等溶剂,使粘结面解脱,再重新进行粘结。

(2)环氧粘结剂拼接:对于4-1粘结面,使用AAA超能胶,15分钟后,在10℃的室温下,发现由于粘结剂的粘度不够,4-1接口还是发生明显错位。为了提高粘结剂的粘度,作为粘结剂决定使用混合物,配方约为AAA环氧粘结剂:滑石粉=1∶1(稀面团)。实验证明,此浓度的面团可以保证粘结面不发生错位。

(3)加热处理器物提高粘结强度:在烘箱中,维持35℃,保温3小时,让各个碎片的相对位置完全固定。之后,在60℃下,保温3小时,最后完成提高抗拉强度的处理。修复后的器物形貌见图3。注意,高温下有的玉器表面光泽有所消退,可能增加以后上光工序的工作量,具体详细实验结果笔者计划在另外的论文中作进一步的报道。

图3 修复后的器物

4. 配补：待上面操作中使用的粘结剂完全固化后，对于拼接面上少量缺失的小块，使用上述的环氧粘结剂的面团，加入少量乙醇稀释后，补上缺失部分，完成配补。

六、结论

1. 190丙烯酸光油可以用作过渡性粘结剂。

2. AAA超能胶加入滑石粉（混合比例1∶1）制成"环氧腻子"，可用于碎片的一次粘结固定。

3. 适当加温处理修复好的器物，对器物没有不良影响，对粘结强度应该有所增益。

4. 本文仅得出关于玉器修复的初步结论。由于修复的器物数量偏少，建议对于各类材质的玉器进一步进行修复实验，以期得到更加全面的结论。

七、附录：主要修复材料清单

1. AAA超能胶（环氧树脂粘结剂）

2. 190光油，主要成分为：丙烯酸粘结剂、纤维、稀释剂（天那水）、拉平剂。

3. （医用）滑石粉，规格300目。

4. 乙醇 95%的化学纯乙醇

5. 中粘度聚乙烯醇缩丁醛（PVB），用化学纯的乙醇配成约20%的溶液。用作某些陶瓷器修复时的过渡胶。

笔者注

1. 本文发表于广西壮族自治区博物馆编：《广西博物馆文集（第七辑）》，广西人民出版社,2010年,第272—274页。作者王荣为复旦大学文博系副教授,巩梦婷为复旦大学文物与博物馆学系硕士研究生。
2. Araldite 2020、Hxtal Nyl-1等环氧树脂粘结剂不易泛黄变色,折光度也接近玻璃或瓷釉,应该可以替代文中所用的AAA超能胶。

古陶瓷修复技术在修复青铜文物中的应用

杨植震

一、前言

前面曾报道过环氧树脂粘结剂成功用于陶瓷器、玉器和木器的修复[1]。本文旨在通过具体实例说明,在某些青铜器、石器、木器、玻璃器、象牙制品的修复中,也可采用古陶瓷修复类似的技术。从复旦大学文物修复技术发展的历史看,先掌握了古陶瓷修复的技术,之后再遇到青铜等器物的修复。实践证明,古陶瓷修复中的某些成熟技术亦可推广应用到青铜等其他器物的修复中。

青铜器标志人类发展的一个历史阶段——青铜时代(bronze age),承载着重要的历史信息,它们在艺术品市场上往往具有很高的价位。因此青铜器的修复自然历来受到重视。但是青铜器修复在某些方面比较复杂,往往涉及钣金等整形、铸造配补、錾刻、焊接、作旧

---

[1] 俞蕙、杨植震:《古陶瓷修复基础》,复旦大学出版社,2012年;俞蕙、杨植震:《高山族腰刀的材质分析与修复》,《东南文化》,2003年第7期,第94—94页;杨植震、王荣、巩梦婷:《玉器修复工艺初探》,广西壮族自治区博物馆编:《广西博物馆文集(第七辑)》,广西人民出版社,2010年,第271—274页。

等特殊工艺[1]。本文仅就利用环氧树脂粘结剂修复青铜器的几个实例，说明古陶瓷修复用的一些技术可以在修复青铜器时发挥重要作用。在本文中笔者举出几件青铜器修复，属于青铜器物的修复中相对简单的例子。

二、清代石榴形青铜盉腹部洞的修补

某单位委托修复的清代石榴形青铜盉，其腹部有直径约8毫米的洞（见图1），委托方希望在器物的外部能够达到陈列修复的要求。器物表面有古器物的包浆和自然形成的黄色、褐色和黑色的区域，区域间互相渗透，并形成一些黑色的斑点。笔者主要使用环氧树脂腻子技术，较好地修复了器物。

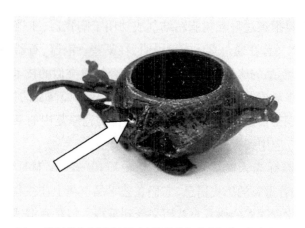

图1　修复前的青铜盉（箭头所指的腹部有直径约8毫米的洞）

---

[1] 中国文化遗产研究院编：《中国文物保护与修复技术》，科学出版社，2009年，第374—385页；赵振茂：《青铜器的修复技术》，紫禁城出版社，1988年；贾文忠、贾树：《贾文忠谈古玩修复》，白花文艺出版社，2007年，第20—48页。

第四章　古陶瓷修复技术在修复其他文物中的应用

具体操作步骤如下：

1. 调制腻子：AAA超能胶（环氧树脂）和其固化剂调和后加入近似等体积的滑石粉，再加入适当的颜料（如黄色、熟褐和黑色等），制成环氧树脂腻子。用铲刀转移适量的腻子，塞入器物的孔洞中。使用徒手蘸滑石粉，从器物内部和外部，同时挤压配补部位，使得配补部分更加紧密。

2. 打磨：补洞后等待24小时，在环氧树脂粘结剂充分固化后，用细砂皮纸打磨至外部十分平整。

3. 上色：在配补部分的外部颜色和器物不够一致处，再次使用环氧树脂粘结剂和适当的油画颜料（以黄、褐、红为主）调成涂料，加入几滴酒精作为稀释剂，用小楷笔涂抹上色。按照博物馆藏品修复的惯例，建议配补部分的盂内表面，不要上色，以便留下修复的痕迹。

4. 作旧：待上色部分固化后，使用和上色部分涂料类似的配方，加入一点黑色颜料，用笔尖点上几个黑点，作旧和整个修复即告完工（见图2）。

图2　修复后的青铜盂

三、汉·日光铭连弧纹青铜镜的修复

笔者修复过一方汉代青铜镜,其名称为日光铭连弧纹青铜镜[1],全镜褐色透黑,它的直径为7.6厘米。中心部分钮附近有8个连弧纹。从弧纹到镜子边缘间有三圈不同的纹饰,依次为:短斜纹、铭文、稍长的短斜纹。铭文部分为"见日之光,天下大明"八个篆字。本铜镜有两处缺陷:铭文"下-大-明"字间有缺失(见图3);内圈短斜纹(在"明"和"见"字旁)有一处修复不完整的裂缝。

此镜的铭文、纹饰和尺寸和著名的汉代透光镜接近,但是没有"透光"能力。经笔者使用环氧树脂腻子修补后,铭文和纹饰清晰度明显提高(见图4)。此外,经实验证明,类似的环氧树脂腻子可以用于粘结和配补青铜钱币,如图5中宋·治平元宝的边沿部分曾经缺失,已经用填料为滑石粉的环氧树脂粘结剂面团配补好,配补部分显示出滑石粉的灰白色。

图3 汉·日光铭连弧纹青铜镜（修复前,两个箭头所指部分都有缺失）　　图4 汉·日光铭连弧纹青铜镜（修复后）

---

[1] 李缙云:《古镜鉴赏》,漓江出版社,1996年,第172—173页。

第四章 古陶瓷修复技术在修复其他文物中的应用

图5 宋·治平元宝
(箭头所指部分采用环氧树脂腻子配补)

四、结论

根据已有的修复实例,结合笔者实验室其他青铜器物修复经验,笔者认为,环氧树脂腻子是配补和粘结青铜器物的有效用的技术。但在实施时,需注意一次配补的面积不宜太大。在受力较大时,建议适当提高粘结剂的固化温度,可在室温6～8小时下初步完成固化,再升温到70～80℃(保温3～4小时),以达到提高粘结强度的要求[1]。

笔者注

本文为首次发表。

---

[1] 梁宏刚:《青铜文物修复中合成高分子胶粘剂的应用研究》,复旦大学硕士学位论文,1996年,第23页。

201

附录一：国内外相关文献汇总

中文参考书目：

1. 俞蕙、杨植震：《古陶瓷修复基础》，复旦大学出版社，2012年。
2. 李玉虎编著：《唐墓室壁画与彩绘陶俑修复与保护——以唐乾陵永泰公主墓、章怀太子墓为例》，科学出版社，2013年。
3. 李玉虎编著：《西汉彩绘兵马俑修复与保护》，科学出版社，2013年。
4. 蒋道银：《古陶瓷修复技艺》，上海古籍出版社，2012年。
5. 王啟泰：《王啟泰说陶质文物修复》，中国书店，2012年。
6. 国家文物局博物馆与社会文物司、中国文物学会文物修复专业委员会：《文物修复研究6》，民族出版社，2012年。
7. 国家文物局：《中华人民共和国文物保护标准汇编》，文物出版社，2010年。
8. 中国文化遗产研究院编：《中国文物保护与修复技术》，科学出版社，2009年。
9. 国家文物局博物馆与社会文物司、中国文物学会文物修复专业委员会：《文物修复研究5》，民族出版社，2009年。
10. 路甬祥总主编：《中国传统工艺全集　文物修复和辨伪》，大象出版社，2007年。
11. 国家文物局博物馆与社会文物司、中国文物学会文物修复专业委员会:《文物修复研究4》,民族出版社,2007年。
12. 贾文忠、贾树:《贾文忠谈古玩修复》,白花文艺出版社,2007年。
13. 国家文物局博物馆与社会文物司、中国文物学会文物修复专业委员会:《文物修复研究3》,民族出版社,2003年。
14. 程庸、蒋道银:《古瓷艺术鉴赏与修复》,上海科技教育出版社,2001年。
15. 贾文忠编著:《文物修复与复制》,中国农业科技出版社,1996年。
16. 毛晓沪:《古陶瓷修复》,文物出版社,1993年。

外文参考书目:

1. Gerald W. R. Ward, *The Grove Encyclopedia of Materials and Techniques in Art*, New York: Oxford University Press, 2008.
2. Linda Ellis, *Archaeological Method and Theory — An Encyclopedia*, New York: Garland Publishing Inc., 2007.
3. Judith Miller, *Restaurez vos Meubles et Objets Anciens*, Paris: Sélection du Reader's Digest, 2006.
4. Bradley A. Rodgers, *The Archaeologist's Manual for Conservation*, New York: Kluwer Academic/Plenum Publishers, 2004.
5. Lesley Acton & Natasha Smith, *Practical Ceramic Conservation*, The Crowood Press Ltd, 2003.
6. Lesley Acton & Paul McAuley, *Repairing Pottery and Porcelain: A Practical Guide*, Second Edition, USA: the Lyons Press, 2003.
7. Nigel Williams, *Porcelain Repair and Restoration*, Philadelphia: University of Pennsylvania Press, 2002.
8. Victoria L. Oakley & Kamal K. Jain, *Essentials in the Care and Conservation of Historical Ceramic Objects*, London: Archetype

Publications 2002.
9. Nicole Blondel, *Céramique*, Paris: Monum, Editions du patrimoine, 2001.
10. Chris Caple, *Conservation Skills-Judgment, Method and Decision Making*, New York: Routledge, 2000.
11. Denis Guillemard et Claude Laroque, *Manuel de conservation préventive-gestion et contrôle des collections*, Dijon: Direction Régionale des Affaires Culturelles de Bourgogne, 1999.
12. Susan Buys & Victoria Oakley, *The Conservation and Restoration of Ceramics*, Oxford: Butterworth-Heinemann, 1999.
13. Donny L. Hamilton, *Methods of Conserving Underwater Archaeological Material Culture*, Nautical Archaeology Program, Texas A&M University, 1999. http://nautarch.tamu.edu/CRL/conservationmanual/.
14. John M.A. Thompson, *Manual of Curatorship—A Guide to Museum Practice*, 2nd Edition, London; Boston: Butterworth-Heinemann, 1992.
15. M.C. Berducou, *La Conservation en Archéologie, Méthodes et Pratiques de la Conservation-restauration des Vestiges Archéologiques*, Paris: Masson, 1990.
16. J.M. Cronyn, *Elements of Archaeological Conservation*, London, New York: Routledge, 1990.
17. Colin Pearson, *Conservation of Marine Archaeological Objects*, London: Butterworths, 1987.

附录二:图版

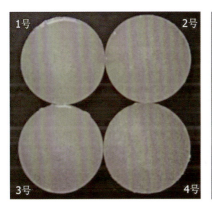

图版2.1　环氧树脂样块(紫外老化前)

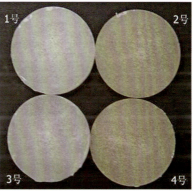

图版2.2　环氧树脂样块(紫外老化后)

图版2.3　明代青花碗修复前

图版2.4　明代青花碗修复中
(箭头处喷涂FD-2紫外吸收剂)

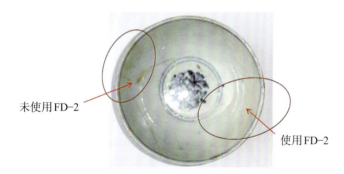

图版2.5 紫外老化后的明代青花碗

图版4.1 清·将军罐(修复前)

图版4.2 清·将军罐(修复后)

图版4.3 宋·黑陶罐(修复后)

附录二：图版

图版4.4　汉·绿釉罐（上色前）

图版4.5　汉·绿釉罐（上色和作旧后）

图版8.1　战国·灰色陶豆（上色前）

图版8.2　战国·灰色陶豆（局部，配补石膏上色前）

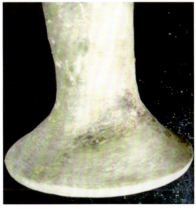

图版8.3　战国·灰色陶豆（局部，配补石膏上色后）

图版8.4 北魏·武术俑（修复和上色前）

图版8.5 北魏·武术俑（修复和上色后）

图版8.6 北魏·武术俑（局部，上色前）

图版8.7 北魏·武术俑（局部，上色后）

图版9.1 民国粉彩罐（口沿上色前）

图版9.2 民国粉彩罐（口沿上色后）

附录二：图版

图版 10.1　紫砂小陶罐外部经过上色

图版 10.2　紫砂小陶罐内部保留石膏原色

图版 10.3　上色前的陶豆

图版 10.4　上色后的陶豆

图版 10.5　三峡汉砖修复前

图版 10.6　三峡汉砖修复后

图版10.7 高山族大陶罐修复前

图版10.8 高山族大陶罐修复后

图版10.9 上色前的三足双耳簋

图版10.10 上色后的三足双耳簋

图版12.1 丙烯画颜料"翻底"

附录二：图版

图版12.2　民国广彩瓷罐修复前

图版12.3　民国广彩瓷罐修复后

图版12.4　民国广彩瓷罐喷涂前后

图版12.5　民国广彩瓷罐补绘前后

图版13.1　修复前的将军罐

图版13.2　修复前的将军罐罐盖

211

图版13.3 修复前的将军罐口沿内部

图版13.4 修复前青花将军罐器身上部

图版13.5 将军罐罐盖（配补后）

图版13.6 将军罐罐盖（修复后）

图版13.7 将军罐罐身（修复后）

图版13.8 修复后的将军罐

图版13.9 修复后的将军罐

附录二：图版

图版14.1　尾向右的象

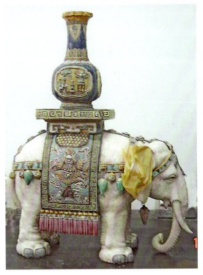

图版14.2　尾向左的象

图版14.3　象腿

图版14.4　象耳

图版14.5　象鼻附近的釉彩多处缺失

图版14.6　象身上毯子多处缺失

213

古陶瓷修复研究

图版14.7 花瓶口沿缺失

图版14.8 象耳修复中

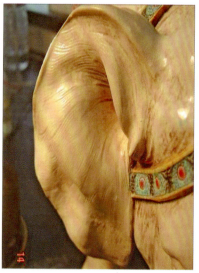

图版14.9 象耳修复后

图版14.10 象背毯子修复中

图版14.11 象背毯子修复后

附录二：图版

图版15.1 汉代釉陶罐（上色和作旧之前）

图版15.2 口沿部分（上色前）

图版15.3 口沿部分（上色后）

图版15.4 釉层剥落处的上色效果

图版15.5 口沿部分（开片制作后）

图版15.6 放大的口沿部分（开片制作后）

古陶瓷修复研究

图版 16.1　修复前的陶豆

图版 16.2　沙堆放样

图版 16.3　修复后的陶豆

后 记

自1999年起,复旦大学师生开始发表古陶瓷修复相关的学术成果,至今已有20余篇论文见诸期刊、学术会议论文集或在学术会议上交流过。自2014年起经过一年多的准备,笔者挑选其中研究价值较高的21篇论文,以及4篇首发论文,形成读者现在所见的《古陶瓷修复研究》一书。书中首次发表的文章是:《〈古陶瓷修复基础〉作者评述》《水性丙烯类绘画材料在古代瓷器修复中的应用》《试论在古陶瓷修复中有机溶剂的选择》和《古陶瓷修复技术在修复青铜文物中的应用》。

我们编著的教材《古陶瓷修复基础》于2012年正式出版,第1次印刷的1 500册书一销而空,2014年稍作修改后第2次印刷发行,2015年该书又被评为上海普通高校优秀教材奖,足以说明此教材和复旦大学开设的《古陶瓷修复》课程一样,受到学界和师生的欢迎与肯定。但是由于教材的首要任务是引导读者入门,其中缺乏深入探讨各类文物修复新材料和新工艺的研究进展与动态。此次出版的《古陶瓷修复研究》一书,以学术论文汇编的形式,力图从多方面反映复旦大学最新的相关研究成果,为我国文物修复专家合理确定修复材料与工艺提供参考。

众所周知,古陶瓷器是考古发掘断代的主要器物之一,也是许多博物馆的重要藏品。过去几十年,我国抢救性发掘不断出土大量破损器物,加之艺术品市场持久的修复需求,古陶瓷修复的工作量巨大且供不应求。因此古陶瓷修复肩负着为考古学、博物馆学及艺术品市场服务的任务,是一项必不可少的专业技术。但长期以来,修复界仍旧存在一些突出的难题,如修复部分颜色的耐候稳定性较差、修复环境极需改善(例如:喷涂色层多采用有毒有害溶剂)、丙烯酸酯仿釉层硬度偏低、修复进程缓慢等。因此,对这些难题进行深入探讨并寻求改进途径,正是本书出版的主要目的。

本书涉及古陶瓷修复相关的以下内容:

1. 新材料:粘结剂(例如:聚乙烯醇缩丁醛)、丙烯画颜料、紫外吸收剂等。

2. 新工艺:沙堆放样、开片制作、颜色调制、提高仿釉层硬度等。

3. 施工条件:环氧树脂粘结剂的施工条件,如温度、湿度和填料浓度等。

4. 专题评述:现代分析技术、上色颜料、国外粘结剂与仿釉材料、有机溶剂选用等。

为便于读者阅读,全书分为四个章节:第一章修复材料篇、第二章修复工艺篇、第三章专题评论篇、第四章古陶瓷修复技术在修复其他文物中的应用。需要说明的是,许多论文在介绍新材料或新工艺后,往往举出修复的应用实例,即新材料、新工艺和修复实例经常结合在同一篇文章内,故全书共提供了10个以上的文物修复实例。

笔者出版此书的还考虑以下因素:(1)本书论文主要发表在学术会议论文集或文博领域刊物上,发行量有限。此次以论文集形式再版,方便文物修复同行间的学习与交流;(2)本书许多论文限于版面,在首发时删除部分照片或图谱,此次出版补全所有资料,确保学术成果的完整性;(3)部分论文存在个别差错或不足之处,此次出版一并改正。

必须指出的是,古陶瓷修复涉及的科技范围相当广泛,本书仅在

后　记

修复技术某几个方面做了一些有限的工作。有的兄弟单位研究陶器中可溶性盐的清洗曲线，有的单位研究不同器物碎片清洗液中杂质的组分，这些都是我们在修复工作中应该借鉴的。

回想复旦大学文物保护实验室开展古陶瓷修复及研究工作中，曾经得到上海博物馆、复旦大学高分子科学系、分析测试中心、现代物理所、化学系相关老师的帮助，我们的工作才得以顺利开展。此书完稿时，我们对他们充满感激之情。在我们一些文章的合作者中，我们特别感谢复旦大学的邓廷毅和余英丰两位老师，他们长期无私支持我们的研究。还要感谢巴黎第一大学文物保护修复专业的师生，感谢来复旦大学交流的以色列修复专家Maya Delano、法国专家Marie-Pierre Asquier，他们在文物修复中较完善的理论系统、先进的材料信息、高超的修复技术，开拓了笔者的视野，充实了本书的内容。

最后，我们感谢复旦大学校领导、教务处、文物与博物馆学系领导的大力支持。2003年以来，"文物保护与修复实验室"一直被列入本科生教学实验室建设项目，为师生开展文物修复实践与研究提供必要条件。杨植震主持的"现代分析方法在古陶瓷修复中的应用""紫外吸收剂在古陶瓷修复中的应用"等课题，得到复旦大学文科科研处"金秋项目"资助。这次整理出版本书过程中，我们得到复旦大学文物与博物馆学系和文物保护实验室领导的鼓励、支持和帮助，在此表示谢意！

复旦大学文物与博物馆学系
复旦大学文物保护实验室
杨植震　俞蕙　陈刚
2016年4月
于复旦大学校园

图书在版编目(CIP)数据

古陶瓷修复研究/杨植震、俞蕙、陈刚等著.—上海:复旦大学出版社,2016.10（2024.7重印）
 ISBN 978-7-309-12434-7

Ⅰ.古… Ⅱ.①杨…②俞…③陈… Ⅲ.古代陶瓷-器物修复-文集 Ⅳ.G264.3-53

中国版本图书馆 CIP 数据核字(2016)第 162234 号

古陶瓷修复研究
杨植震 俞蕙 陈刚 等著
责任编辑/方尚芩

复旦大学出版社有限公司出版发行
上海市国权路 579 号 邮编:200433
网址:fupnet@fudanpress.com http://www.fudanpress.com
门市零售:86-21-65102580 团体订购:86-21-65104505
出版部电话:86-21-65642845
江苏凤凰数码印务有限公司

开本 890 毫米×1240 毫米 1/32 印张 6.75 字数 155 千字
2024 年 7 月第 1 版第 3 次印刷

ISBN 978-7-309-12434-7/G·1613
定价:36.00 元

如有印装质量问题,请向复旦大学出版社有限公司出版部调换。
版权所有 侵权必究